中等职业教育改革发展示范校建设规划教材编委会

主　任：刘贺伟

副主任：孟笑红

秘书长：黄　英

委　员：刘贺伟　孟笑红　黄　英　王文娟　王清晋　李　伟

　　　　佟洪军　陈　燕　朱克杰　张桂琴

秘　书：杨　慧

中等职业教育改革发展示范校建设规划教材

机械制图习题集

杨春苹　王志强　主　编

张　蕾　副主编

化学工业出版社

·北京·

本习题集主要内容和知识点是依据教育部 2014 年颁布的《中等职业学校机械加工技术专业教学标准》中"机械制图"课程的"主要教学内容和要求",并参照相关的国家职业技能标准编写而成,与杨春苹、王志强主编的《机械制图》配套使用。

本习题集主要内容包括制图基本知识及平面图形的绘制,基本几何体的投影,立体表面交线的投影作图,形体的轴测图,组合体视图的识读,机件表达方法的应用,机械图样的特殊表示法,零件图,零件的测绘,装配图,金属结构图、焊接图和展开图十一个项目。机械及其他专业教学可根据本专业的特点选择相关项目来学习。

本习题集可作为中等职业学校机械加工技术专业、机械制造技术专业及相关专业学生的教材,也可作为岗位培训用书。

图书在版编目（CIP）数据

机械制图习题集/杨春苹，王志强主编. —北京：化学工业出版社，2015.8（2021.10 重印）
中等职业教育改革发展示范校建设规划教材
ISBN 978-7-122-24612-7

Ⅰ.①机⋯　Ⅱ.①杨⋯②王⋯　Ⅲ.①机械制图-中等专业学校-习题集　Ⅳ.①TH126-44

中国版本图书馆 CIP 数据核字（2015）第 156791 号

责任编辑：高　钰　　　　　　　　　　　文字编辑：陈　喆
责任校对：边　涛　　　　　　　　　　　装帧设计：刘丽华

出版发行：化学工业出版社（北京市东城区青年湖南街 13 号　邮政编码 100011）
印　　装：北京科印技术咨询服务有限公司数码印刷分部
787mm×1092mm　1/16　印张 9½　字数 233 千字　2021 年 10 月北京第 1 版第 2 次印刷

购书咨询：010-64518888　　　　　　　　售后服务：010-64518899
网　　址：http://www.cip.com.cn
凡购买本书，如有缺损质量问题，本社销售中心负责调换。

定　　价：30.00 元　　　　　　　　　　　　　　　　　　　版权所有　违者必究

前 言

本习题集是针对中职学生的认知规律,适应机械加工专业的职业教学模式需要而编写的,通过教、学、做于一体的任务驱动项目训练,让学生掌握常用各种表达方法的识读,培养学生的绘图识图能力。通过本习题集作图和识图练习,为后续的专业基础课和专业技能课程的识图能力以及发展自身的职业能力打下必要的基础。

本习题集的编写以实用为宗旨,以识图为主作为思路,采用以实例代替理论的风格;努力做到习题内容以应用为目的,以必需、够用为度,基本理论做到多而不深,点到为止,以培养学生识图能力为重点,培养学生绘图基本功为辅。

本习题集特点是结构合理、由浅入深,适合不同基础学生;图文并茂,平面与立体相结合,对比较复杂的形体采用分解图示的方式,并用三视图配合轴测图或立体图进行说明;淡化理论、强化实用,将理论和实际应用相结合;贴近生产,与实践接轨,习题集中所举实例多是生产中常用的零部件,用了很多的3D图形来展示,使学生先对这些零部件有感性的认识。

本书由锦西工业学校的杨春苹、王志强主编,张蕾担任副主编。参加编写工作的还有锦西工业学校的王丽丽、王承辉、丁彦文,西门子机械透平葫芦岛有限公司张尧飞等,锦西工业学校的孟笑红担任主审。

本书在编写过程中参考了大量的文献资料,在此一并表示诚挚的谢意。由于编写时间及编者水平有限,书中难免有不足之处,恳请广大读者批评指正。

编　者

目 录

项目一　制图基本知识及平面图形的绘制 …………………………………………………… 1

项目二　基本几何体的投影 …………………………………………………………………… 11

项目三　立体表面交线的投影作图 …………………………………………………………… 26

项目四　形体的轴测图 ………………………………………………………………………… 36

项目五　组合体视图的识读 …………………………………………………………………… 40

项目六　机件表达方法的应用 ………………………………………………………………… 67

项目七　机械图样的特殊表示法 ……………………………………………………………… 94

项目八　零件图 ………………………………………………………………………………… 108

项目九　零件的测绘 …………………………………………………………………………… 120

项目十　装配图 ………………………………………………………………………………… 126

项目十一　金属结构图、焊接图和展开图 …………………………………………………… 140

参考文献 ………………………………………………………………………………………… 146

| 项目一　制图基本知识及平面图形的绘制 | 1-1　图线练习 | 第1页 |

项目一 制图基本知识及平面图形的绘制 1-2 尺寸标注

1. 标注线性尺寸。

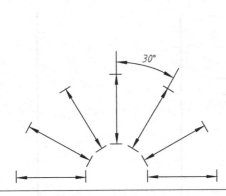
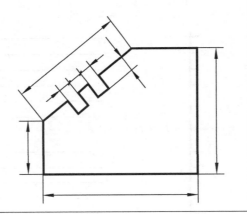

2. 标注角度。

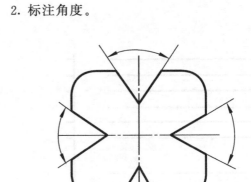

3. 标注直径、半径或弧长。

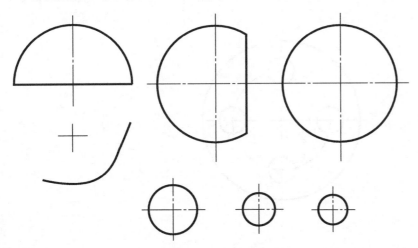
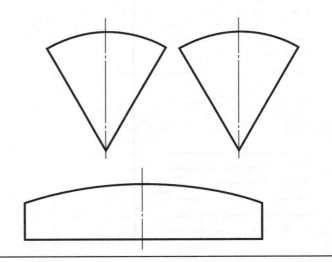

| 项目一　制图基本知识及平面图形的绘制 | 1-2　尺寸标注（续） |

4. 找出下图中的错误，并在另一个图中标注正确的尺寸。

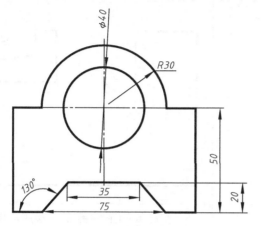

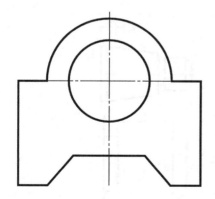

5. 对下面的图形进行尺寸标注。

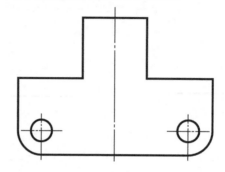

6. 对下面的图形进行尺寸标注。

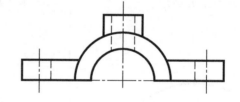

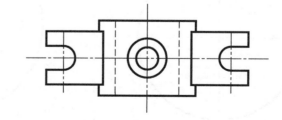

项目一　制图基本知识及平面图形的绘制　　1-3　作图练习

1. 将线段 AB 五等分。

2. 按四心法画椭圆。

3. 作已知图形的斜度（参照小图）。

4. 作已知圆的正五边形。

5. 作已知圆的正六边形。

6. 作已知图形的锥度（参照小图）。

| 项目一　制图基本知识及平面图形的绘制 | 1-4　用给定的半径作圆弧的连接（保留作图痕迹） |

1. 圆弧连接两直线。

2. 圆弧外切已知圆。

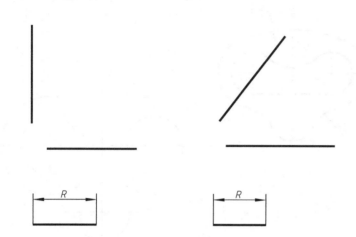
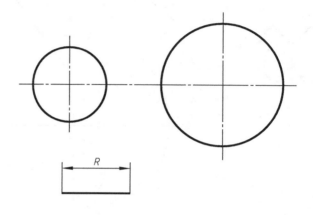

3. 一直线和一个圆外切。

4. 一直线和一个圆内切。

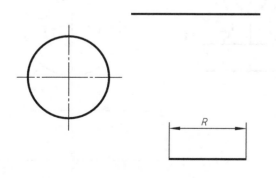
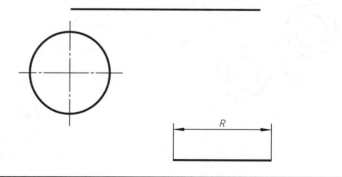

项目一 制图基本知识及平面图形的绘制 | 1-5 用给定的半径作圆弧连接（保留作图痕迹）

1.
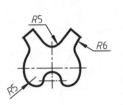
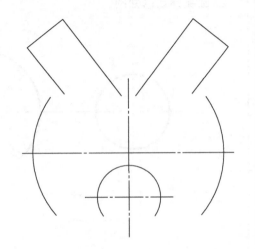

2.
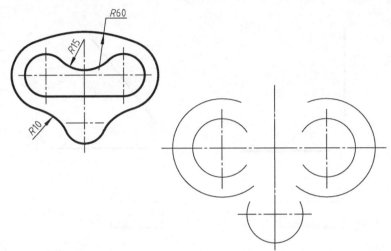

3.
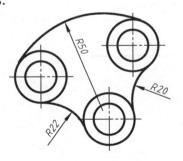
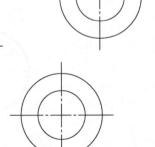

4.
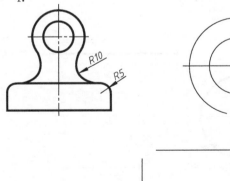
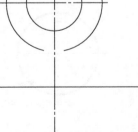

项目一 　制图基本知识及平面图形的绘制　　1-6　零件轮廓　手柄

按所给尺寸，1∶1比例绘制手柄，并标注尺寸。

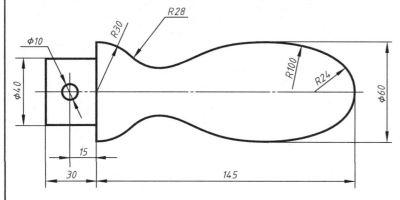

项目一　制图基本知识及平面图形的绘制　　1-7　零件轮廓　手锤

按所给尺寸，1∶1比例绘制手锤，并标注尺寸。

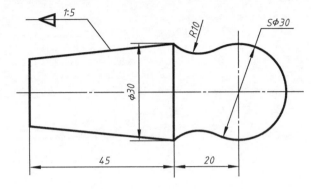

项目一　制图基本知识及平面图形的绘制　|　1-8　训练与自测

1. 国家标准规定的基本幅面共_____种，按从大到小的幅面依次是_____、_____、_____、_____、_____。

2. 图框用_____线绘制，根据需要其格式可选_____和_____两种。

3. 在图框的右下角是_____，具体内容包括_____区、_____区、_____区、_____区。

4. 比例是指图样中_____与其_____相应要素的线性尺寸之比。

5. 画图时可选用_____比例、_____比例和_____比例，为了方便读图，尽量按_____比例绘制图形。

6. 机械图样中的_____和_____要书写汉字，汉字应写成_____体。

7. 机械工程图样上采用_____、_____两类线宽，比率为_____。

8. 细虚线、细点画线、细双点画线与其他图线相交时尽量交于_____处，细虚线与粗实线相交处无_____。

9. 点画线、双点画线的首末两端应是_____，而不是_____。

10. 机件的真实大小应以图样上所注尺寸数值为准，与图形的_____及制图的_____无关。

11. 标注尺寸有三个基本要素，分别是_____、_____和_____。

12. 尺寸界线用来表示所标注尺寸的_____，通常成对出现，绘制尺寸界线的线型用_____线。一般情况下，它是从图形的_____线、轴线或_____线引出，另外可由这三种图线直接作为尺寸界线。

13. 尺寸界线通常与尺寸线_____，并超出尺寸线的终端_____mm。

14. 绘制尺寸线的线型为_____线，不能用其他图线代替，一般也不得与其他图线_____或画在其延长线上。

15. 图纸上经常是多个尺寸同时标注，要避免尺寸线和尺寸界线_____。

16. 尺寸线的终端有_____和_____两种形式，机械图样中尺寸线终端通常是_____。

项目一　制图基本知识及平面图形的绘制　　1-8　训练与自测（续）

17. 线性尺寸数字一般标注在尺寸线中间位置的_____方或_____方，也允许注写在尺寸线的_____处。

18. 如果尺寸线是水平方向，尺寸数字应该由_____向_____书写，字头向上；如果尺寸线是竖直方向，尺寸数字应该由_____向_____书写，字头朝_____；在倾斜的尺寸线上标注尺寸数字时，必须使字头方向有向_____的趋势。

19. 标注圆直径要在尺寸数字前加"_____"，在圆弧上标注时_____可以省略。

20. 直径半径标注的界限是以圆弧的大小为准，超过一半的圆弧，必须标注_____；小于一半的圆弧只能标注_____。

21. 标注圆弧半径要在尺寸数字前加"_____"，尺寸线的终端一端从_____开始，另一端画_____。

22. 当没有足够的空间标注时，箭头可外移，可用_____和_____代替。

23. 当圆弧标注半径和直径尺寸时，箭头要指向_____。

24. 角度标注时尺寸界线由径向引出，尺寸线画成_____，_____是角的顶点，尺寸数字_____书写。

25. 倒角的标注在尺寸数字前加"_____"，例_____是表示宽度为2mm的倒角。

26. 一条直线相对于另一条直线或一个平面相对于另一个平面的倾斜程度，称为_____，通常用1：n进行标注。斜度符号应该与直线的倾斜方向_____。

27. 正圆锥底圆直径与圆锥高度之比，称为_____，锥度符号的方向应该与圆锥锥顶方向_____。

28. 平面图形是由一些_____和_____连接组合而成。

29. 确定平面图形中形状大小的尺寸称为_____尺寸。

30. 确定各组成部分之间相对位置的尺寸称为_____尺寸。

31. 平面图形中的各种线段按尺寸是否齐全，可以把线段分为三类：_____线段、_____线段、_____线段。

项目二　基本几何体的投影　　　　　2-1　三视图的投影关系和方位关系

1. 在三视图中填写视图名称，并在尺寸线上方选填"长""宽""高"。

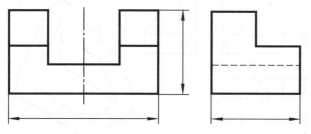

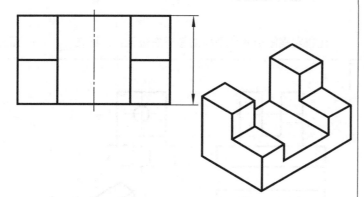

由＿＿向＿＿投射所得的视图称＿＿视图；

由＿＿向＿＿投射所得的视图称＿＿视图；

由＿＿向＿＿投射所得的视图称＿＿视图；

主、俯视图＿＿对正，主、左视图＿＿平齐，俯、左视图＿＿相等。

2. 在三视图的适当位置填写"上""下""左""右""前""后"。

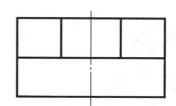 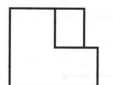

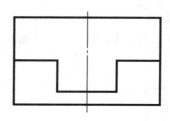 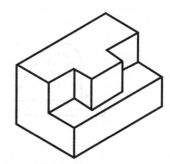

主视图反映物体的＿＿和＿＿；

俯视图反映物体的＿＿和＿＿；

左视图反映物体的＿＿和＿＿；

俯视图的下方和左视图的右方表示物体的＿＿方；

左视图的左方和俯视图的上方表示物体的＿＿方。

| 项目二　基本几何体的投影 | 2-2　在立体图上标注题中所示平面的字母，并填空 | 第12页 |

1.

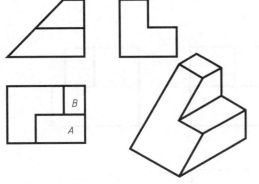

比较俯视图中两个平面的上、下位置：A 面在____，B 面在_____。

2.

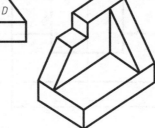

比较左视图中两个平面的左、右位置：C 面在____，D 面在_____。

3.

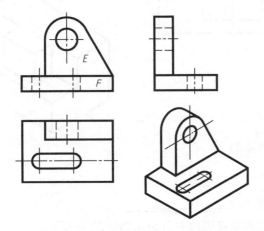

比较主视图中两个平面的前、后位置：E 面在____，F 面在_____。

4.

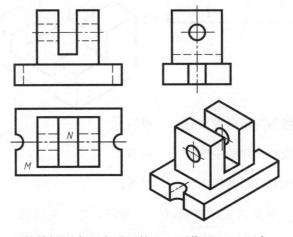

比较俯视图中两个平面的上、下位置：M 面在____，N 面在_____。

项目二　基本几何体的投影	2-3　参照立体示意图，补画三视图中漏画的图线或视图	第13页

1.

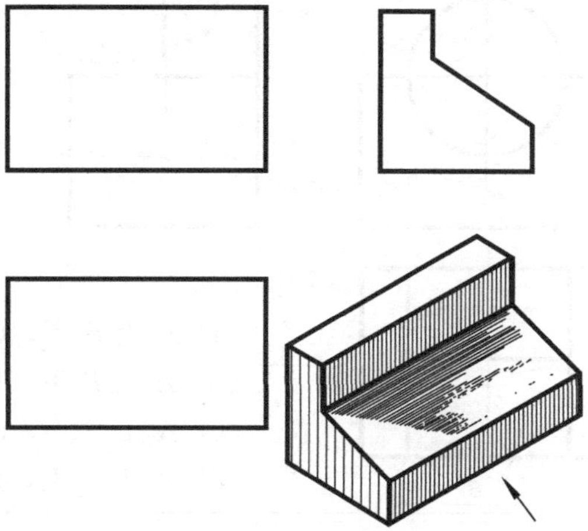

2.

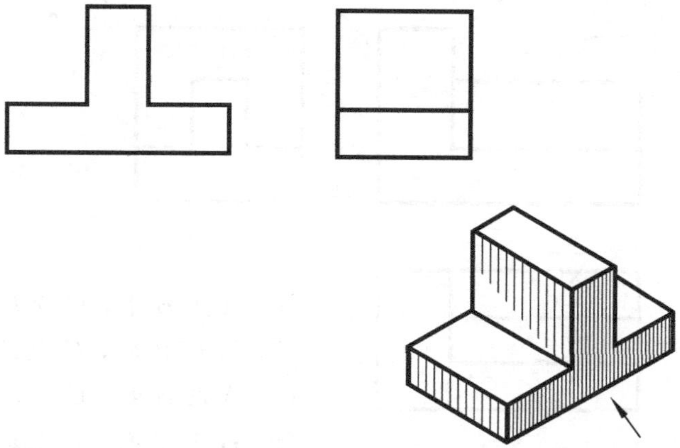

3.

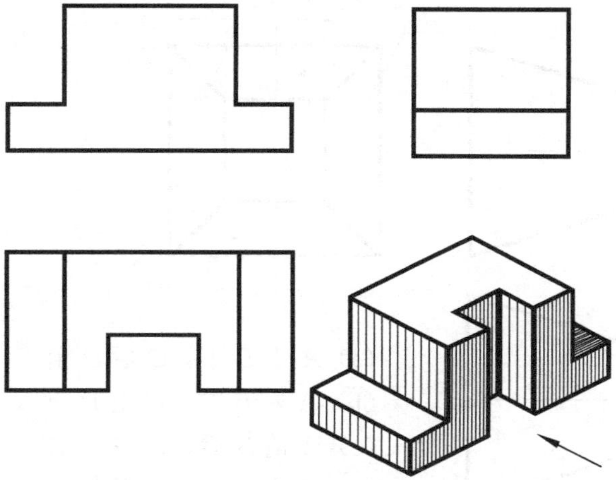

4.

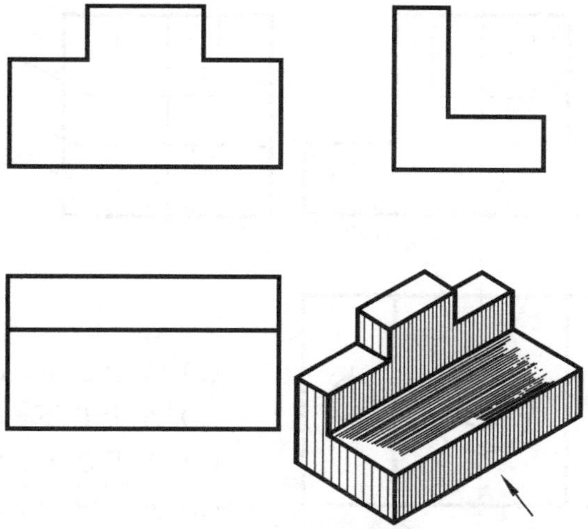

项目二　基本几何体的投影　　　　2-4　选择正确的答案

1.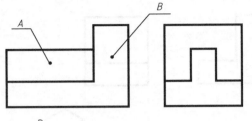
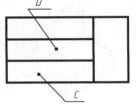

(a) A 上 B 下，C 前 D 后
(b) A 前 B 后，C 上 D 下
(c) A 后 B 前，C 下 D 上
(d) A 左 B 右，C 上 D 下

2.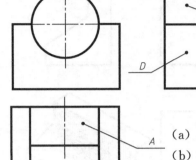

(a) A 上 B 下，C 右 D 左
(b) A 上 B 下，C 左 D 右
(c) A 下 B 上，C 左 D 右
(d) A 下 B 上，C 右 D 左

3.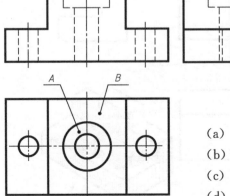

(a) A 上 B 下，C 左 D 右
(b) A 上 B 下，C 右 D 左
(c) A 下 B 上，C 左 D 右
(d) A 下 B 上，C 右 D 左

4.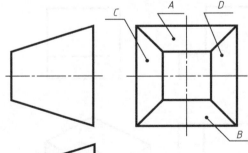
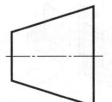

(a) A 上 B 下，C 后 D 前
(b) A 左 B 右，C 上 D 下
(c) A 前 B 后，C 左 D 右
(d) A 左 B 右，C 后 D 前

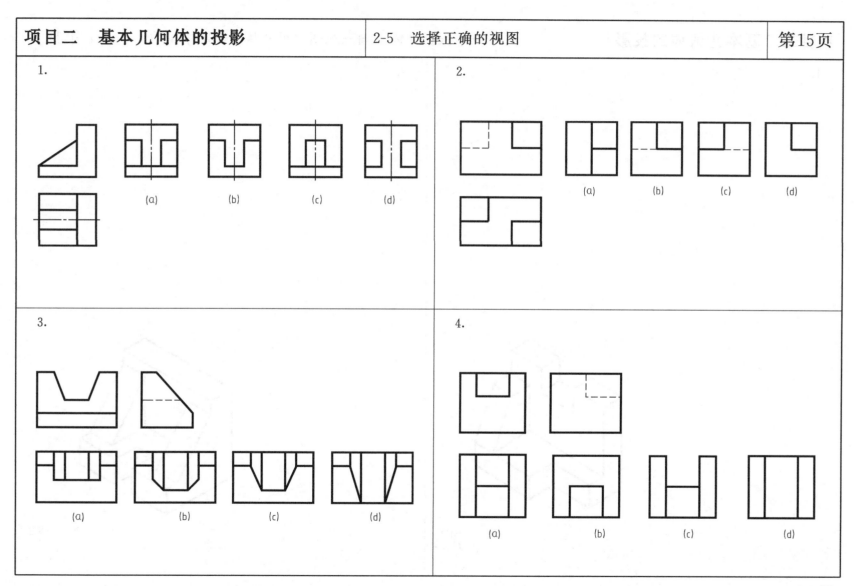

项目二　基本几何体的投影　　　　　　2-6　根据立体图画三视图（尺寸从立体图中量取）　　　第16页

1.

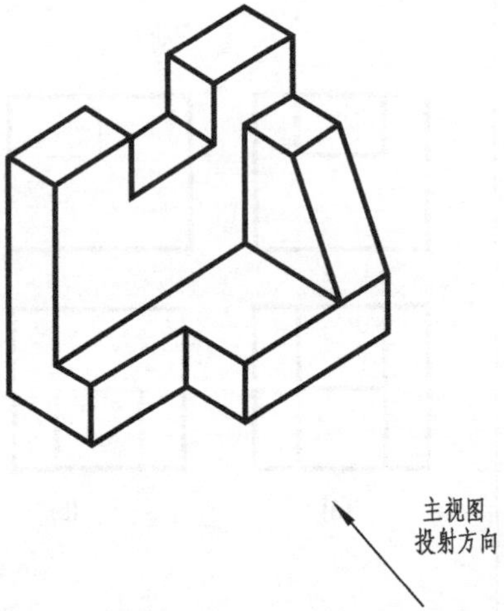

2.

主视图投射方向

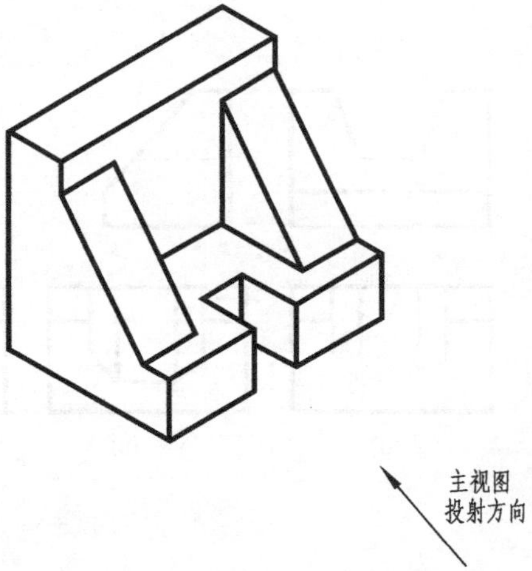

| 项目二　基本几何体的投影 | 2-6　根据立体图画三视图（尺寸从立体图中量取）（续） | 第17页 |

3.

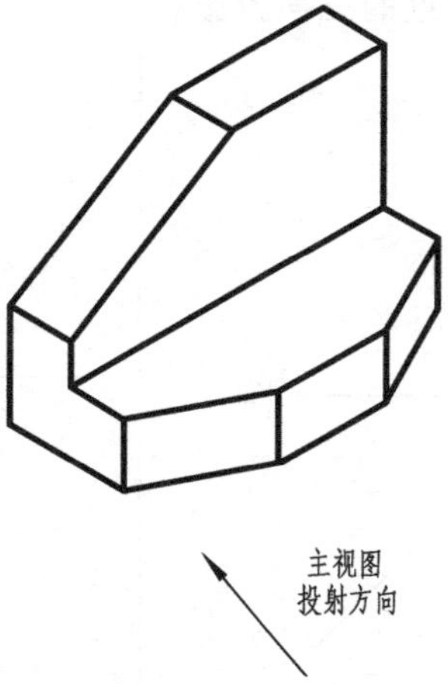

4.

主视图投射方向

主视图投射方向

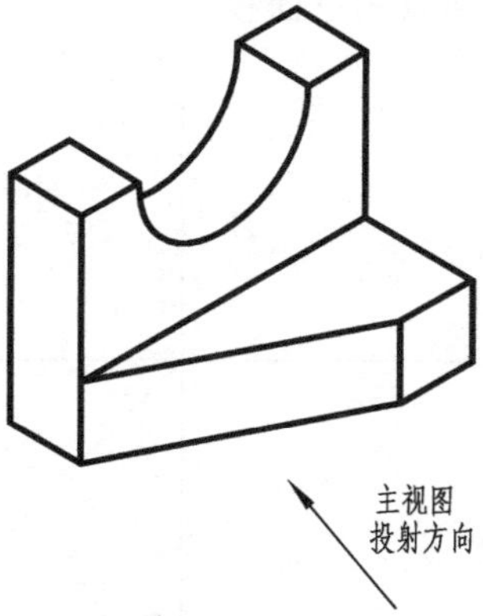

项目二　基本几何体的投影

2-7　点的投影

1. 按立体图作点 A 和 C 的三面投影（尺寸从立方体图中量取）。

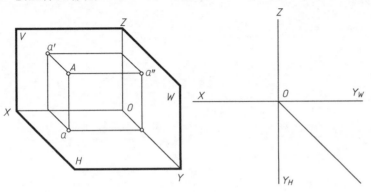
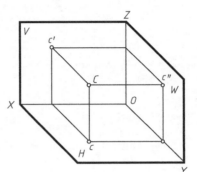
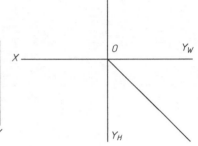

2. 已知点 A 距 H 面为 12mm，距 V 面为 20mm，距 W 面为 15mm，点 B 在点 A 的右方 5mm，后方 10mm，上方 8mm，试作 A、B 两点的三面投影。

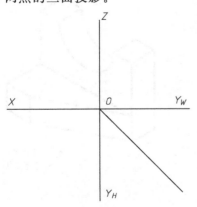

3. 已知 A 点的两面投影，求 A 第三面投影，作 B 点在 A 点上方 5mm、右方 10mm、前方 8mm，求作 B 点的三面投影。

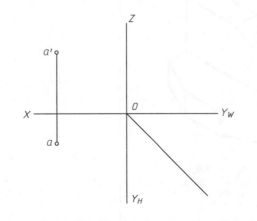

4. 已知点 AC 的 H 面、V 面投影，作 W 面投影，并标明可见性。

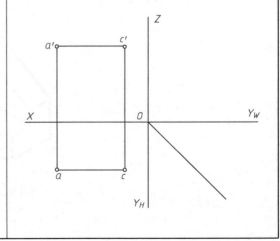

项目二 基本几何体的投影

2-8 直线的投影

1. 判断下列直线与投影的相对位置，并填空。

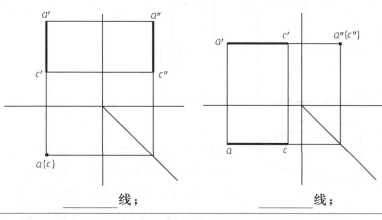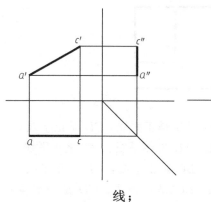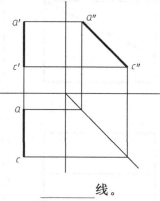

_____线；　_____线；　_____线；　_____线。

2. 已知直线 AC 的两面投影，设直线 AC 上一点 B 将 AC 分成 $3:2$，求 B 点的三面投影。

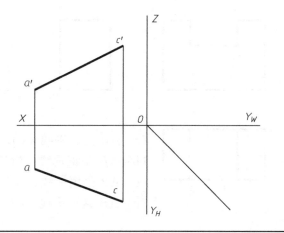

3. 已知直线 AC 的两面投影。（1）完成其第三面投影；（2）设直线 AC 上一点 B 距 H 面 15mm，完成点 B 的三面投影。

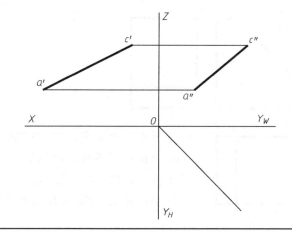

项目二 基本几何体的投影

2-9 选择正确的答案

1.

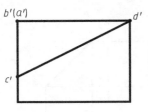

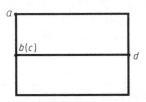

(a) AB 是正垂线，CD 是正平线
(b) AB 是侧平线，BC 是正平线
(c) BC 是正平线，CD 是正平线
(d) BC 是铅垂线，CD 是一般位置直线

2.

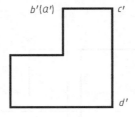
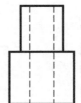
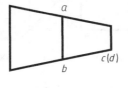

(a) AB 是侧平线，CD 是正平线
(b) AB 是水平线，CD 是侧平线
(c) BC 是一般位置线，CD 是铅垂线
(d) BC 是水平线，CD 是铅垂线

3.

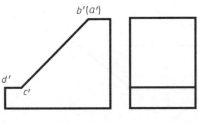
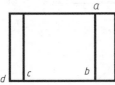

(a) AB 是水平线，CD 是正平线
(b) AB 是正垂线，BC 是正平线
(c) AB 是侧平线，CD 是水平线
(d) AB 是正平线，CD 是铅垂线

4.

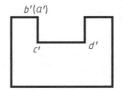

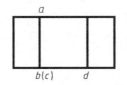

(a) AB 是水平线，CD 是正平线
(b) AB 是正垂线，BC 是铅垂线
(c) AB 是侧平线，BC 是一般位置直线
(d) AB 是正平线，CD 是铅垂线

| 项目二　基本几何体的投影 | 2-10　平面的投影 | 第21页 |

1. 标出 A、B 的三面投影，并填空。

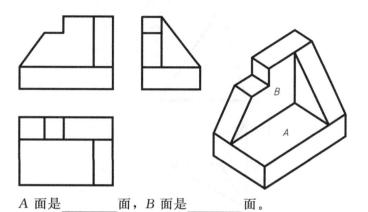

A 面是_____面，B 面是_____面。

2. 补画第三视图，标出 C、D 的三面投影，并填空。

C 面是_____面，D 面是_____面。

3. 求平面的第三面投影。

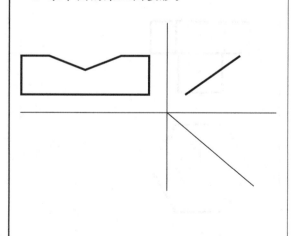

4. 求平面的第三面投影。

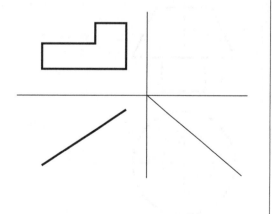

5. 已知平面形的两面投影，线段在平面内，求作平面形和线段的三面投影。

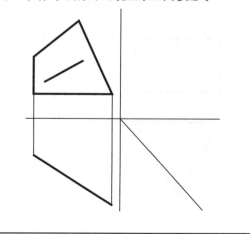

| 项目二 基本几何体的投影 | 2-11 补画第三视图,标出基本几何体名称,并标注尺寸 | 第22页 |

1.

2.

3.

4.

5.

6.

项目二　基本几何体的投影　　　　　　　2-12　根据已知条件画出几何体投影，并标注尺寸

1. 正圆柱：半径10mm，高20mm。

2. 正三棱柱：高20mm。

3. 半球：半径12mm。

4. 正圆锥：半径10mm，轴向长度20mm。

5. 正圆台：轴向长度20mm。

6. 正六棱柱：高20mm。

| 项目二　基本几何体的投影 | 2-13　训练与自测 | 第24页 |

1. 投影法就是投射线通过物体，向选定的面投射，并在该面上得到图形的方法，所得到的图形称为_____（简称_____）。

2. 投射线汇交于投影中心的投影方法称为_____法。

3. 中心投影法与人看物体的习惯相同，在视角上能体现近_____远_____的效果。

4. 投射线互相平行的投影方法称为平行投影法，平行投影法又可分为两类：_____法、_____法。

5. 正投影法的基本性质：_____性、_____性、_____性。

6. 一般只用一个方向的投影来表达形体是_____的。

7. 为了能够准确地反映物体的长、宽和高的形状及位置关系，通常用_____法所绘制的三个视图来表示物体的平面图形。

8. 正对着观察者的正立投影面称为_____面，用_____表示（简称_____面）。

9. 与水平面平行的投影面称为_____面，用_____表示（简称_____面）。

10. 与正面和水平面均垂直的右侧立投影面称为_____面，用_____表示（简称_____面）。

11. 三个投影面间的交线叫作_____，分别是_____轴、_____轴和_____轴，三根投影轴汇交于同一个点 O 叫作_____。

12. 物体由前向后往正面投影得到的视图，叫作_____图。

13. 物体由上向下往水平面投影得到的视图叫作_____图。

14. 物体由左向右往侧面投影得到的视图叫作_____图。

15. 三个视图相对位置_____变动。三视图与投影面的_____无关。

16. 三视图投影规律：主、俯视图_____，主、左视图_____，俯、左视图_____。

项目二　基本几何体的投影　　　　2-13　训练与自测（续）　　　第25页

17. 判断两点上下关系：z 坐标值大的点在_____，反之在_____；判断两点前后关系：y 坐标值大的点在_____，反之在_____；判断两点左右关系：x 坐标值大的点在_____，反之在_____。

18. 根据直线与三个投影面的相对位置，可以把空间直线分为三种：_____线、_____线和_____线。

19. _____于一个投影面，与另外两个投影面_____的直线，称为投影面平行线。它包括_____线、_____线和_____线。

20. 平行于水平面而与另外两个投影面倾斜的直线称为_____线。只平行于正面而与另外两个投影面倾斜的直线称为_____线。

21. 投影面平行线在三个投影面的投影均为_____，其中在与该直线平行的投影面投影为线段_____，并且_____于投影轴。另外两个投影面投影均_____于原长，并且平行于靠近实长线段的投影轴。

22. 与一个投影面垂直，与另外两个投影面平行的直线称为_____线。它是由到两个投影面距离相等的两点连线而成，包括_____线、_____线和_____线。

23. 垂直于正面的直线称为_____线；垂直水平面的直线称为_____线；垂直于侧面的直线称为_____线。

24. 投影面垂直线在该直线所垂直投影面上积聚成_____，在另外两个投影面上，该直线的投影反映_____。

25. 根据平面与三个投影面的相对位置，可以把空间平面分为三种：_____面、_____面和_____面。

26. 与三个投影面都倾斜的平面称为_____平面。它在三个投影面的投影都是_____，且为空间平面的_____。

27. 在三投影面体系中，投影面平行面____于一个投影面，且与另外两个投影面____。它包括_____面、_____面和_____面。

28. 在三投影面体系中，投影面垂直面垂直于一个投影面，且与另外两个投影面_____。它包括_____面、_____面和_____面。

29. 基本几何体包括_____几何体和_____几何体两大类。基本几何体都具有_____、_____、_____三个方向的尺寸。

30. 只平行于侧面而与另外两个投影面倾斜的直线称为_____。

| 项目三　立体表面交线的投影作图 | 3-1　补画第三视图，并作出立体表面上两点 M、C 另两个投影 | 第26页 |

1.
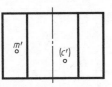
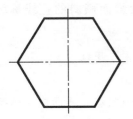

2.
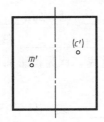
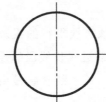

3.
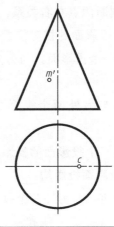

4.
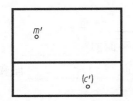

5.
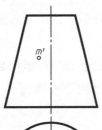
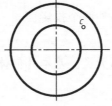

6.
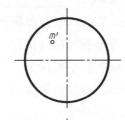
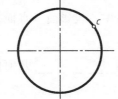

| 项目三　立体表面交线的投影作图 | 3-1　补画第三视图，并作出立体表面上两点 M、C 另两个投影（续） | 第27页 |

7.

8.

9.

10.

11.

12.

项目三　立体表面交线的投影作图　　3-2　补画第三视图，并作出截交线的投影

项目三　立体表面交线的投影作图	3-2　补画第三视图，并作出截交线的投影（续）

5.

6.

7.

8.

项目三　立体表面交线的投影作图　　3-2　补画第三视图，并作出截交线的投影（续）　　第30页

9.

10.

11.

12.

项目三　立体表面交线的投影作图　　3-3　选择正确的视图

1. 选择正确的左视图（　　）。

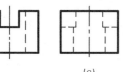

(a)　　(b)　　(c)　　(d)

2. 已知圆柱截切后的主、俯视图，正确的左视图是（　　）。

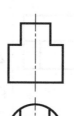 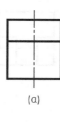 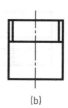 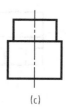 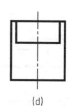

(a)　　(b)　　(c)　　(d)

3. 选择正确的左视图（　　）。

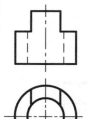 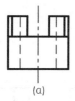 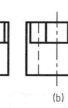 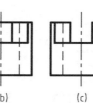 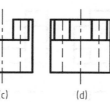

(a)　　(b)　　(c)　　(d)

4. 选择正确的左视图（　　）。

(a)　　(b)　　(c)　　(d)

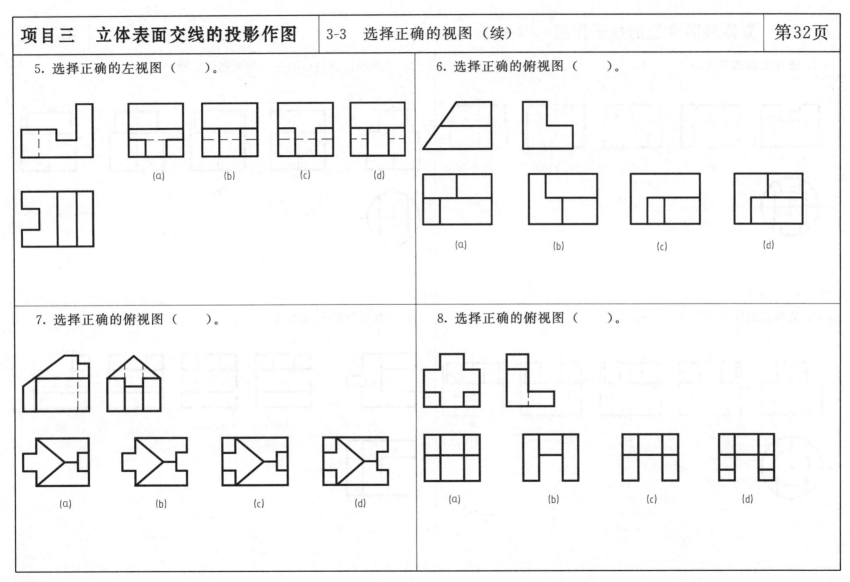

| 项目三 立体表面交线的投影作图 | 3-4 补画视图中漏画的相贯线 |

1.
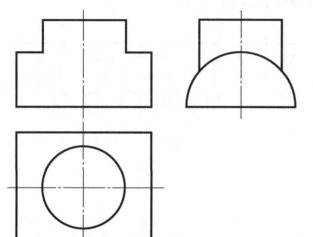

2.
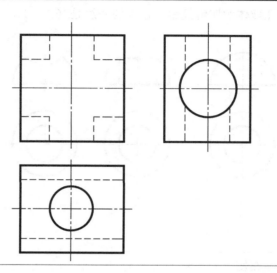

3.
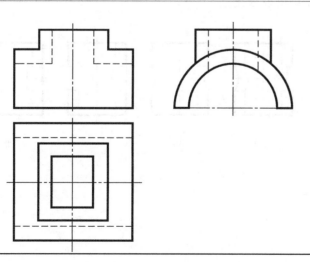

4.
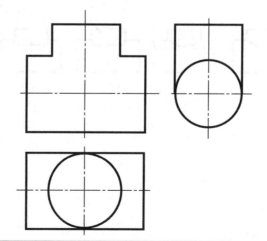

项目三 立体表面交线的投影作图　　3-5 选择正确的视图

1. 已知带有圆孔球体的四组投影，正确的一组是（　　）。

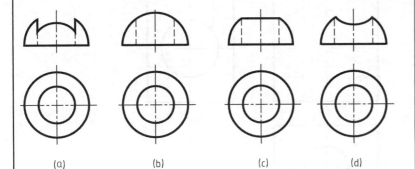

2. 选择正确的左视图（　　）。

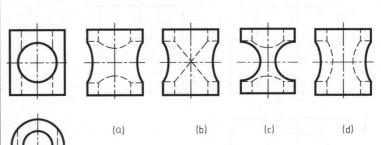

3. 选择正确的左视图（　　）。

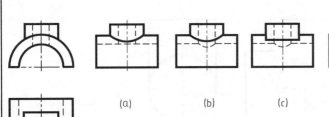

4. 选择正确的左视图（　　）。

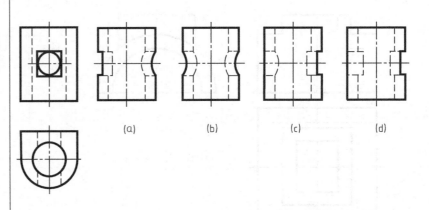

项目三　立体表面交线的投影作图　　3-6　训练与自测

1. 工件表面是由一些_____面或_____面组成，当工件两个表面相交时形成表面交线。

2. 处于圆锥最左、最右、最前、最后轮廓素线和底面的点是_____点，投影均在中心线或投影圆上，可利用投影关系或____性直接作出；处于圆锥表面任意位置的点是_____点，可利用作_____线的方法求出。

3. 基本几何体被平面截断后的立体称为_____，截平面与基本几何体表面的交线称为_____线。

4. 截交线可以是_____线，也可以是_____线。

5. 截交线都具有下面两个基本性质：_____性、_____性。

6. 如果用一个平面去切割平面体，则所形成截交线围成的图形一定是一个封闭的_____。

7. 用平面去截切回转体，截平面可以_____于回转体轴线、_____于回转体轴线和_____于回转体轴线三种位置。

8. 用平面去截切回转体，截交线形状取决于回转体_____以及截平面与回转体的_____关系。

9. 当平面与回转体相交时，截交线一般为封闭_____，也可能由几条_____封闭而成，或者由_____和_____共同组成封闭平面图形。

10. 圆球被任意方向截平面截切，截交线都是_____。圆的直径大小取决于截平面与球心的_____，越靠近_____，圆的直径越大。

11. 当截平面平行于某一投影面时，截交线在该投影面上的投影为圆的_____，其他两投影面上的投影都积聚为_____。

12. 两个立体表面相交而且两部分相互贯穿称为_____，两立体表面的交线称为_____线。

13. 相贯线的形状由两回转体各自的_____、_____和_____决定。

14. 相贯线的主要性质：_____性、_____性、_____性。

15. 当两直径相等的圆柱轴线相交，或圆柱与圆锥相交且公切于一个球面时，相贯线是两个相交的_____。

| 项目四　形体的轴测图 | 4-1　由给定视图画正等轴测图 | 第36页 |

1.

2.

3.

项目四　形体的轴测图	4-1　由给定视图画正等轴测图（续）

4.

5.

6.

项目四　形体的轴测图　　　　4-2　由给定视图画斜二轴测图　　　第38页

1.

2.

3.

项目四　形体的轴测图	4-3　训练与自测	第39页

1. 选择题

(1) 物体上互相平行的线段，轴测投影（　　）。

A. 平行　　　　　　B. 垂直　　　　　　C. 无法确定

(2) 正等轴测图的轴间角为（　　）。

A. 120°　　　　　　B. 60°　　　　　　C. 90°

(3) 正等轴测图中，为了作图方便，轴向伸缩系数一般取（　　）。

A. 3　　　　　　　B. 2　　　　　　　C. 1

(4) 画正等轴测图的 X、Y 轴时，为了保证轴间角，一般用（　　）三角板绘制。

A. 30°　　　　　　B. 45°　　　　　　C. 90°

(5) 在斜二等轴测图中，取一个轴的轴向变形系数为 0.5 时，另两个轴向变形系数为（　　）。

A. 0.5　　　　　　B. 1　　　　　　　C. 2

(6) 根据组合体的组合方式，画组合体轴测图时，常用（　　）作图。

A. 切割法　　　　　B. 叠加法　　　　　C. 综合法　　　　　D. 切割法、叠加法和综合法

2. 判断题

(1) 为了简化作图，通常将正等轴测图的轴向变形系数取为1。（　　）

(2) 正等轴测图的轴间角可以任意确定。（　　）

(3) 空间直角坐标轴在轴测投影中，其直角的投影一般已经不是直角了。（　　）

(4) 形体中互相平行的棱线，在轴测图中仍具有互相平行的性质。（　　）

(5) 形体中平行于坐标轴的棱线，在轴测图中仍平行于相应的轴测轴。（　　）

(6) 画图时，为了作图简便，一般将变形系数简化为1，这样在画正等轴测图时，凡是平行于投影轴的线段就可以直接按立体上相应的线段实际长度作轴测图，而不需要换算。（　　）

项目五 组合体视图的识读 5-1 补画下列组合体表面交线 第40页

1.
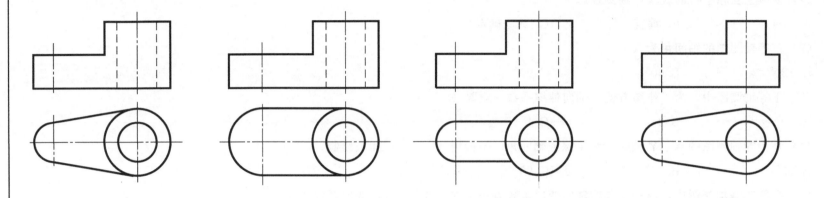

2.
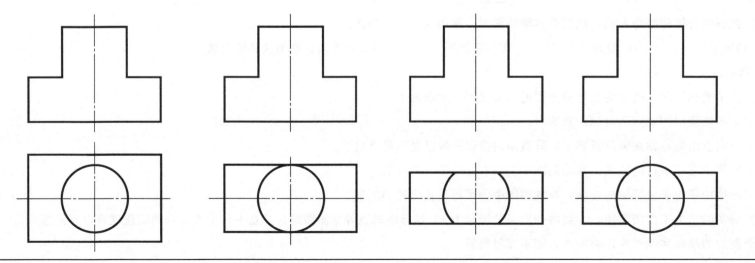

项目五　组合体视图的识读	5-2　按形体分析法逐步画出轴测图所示组合体三视图
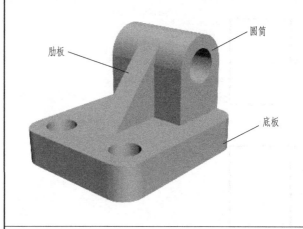	1. 底板  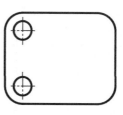
2. 圆筒 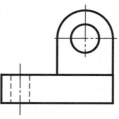 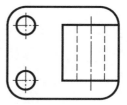	3. 肋板 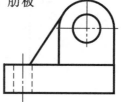 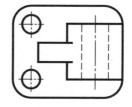

| 项目五　组合体视图的识读 | 5-3　按形体分析法逐步画出轴测图所示的组合体三视图 | 第42页 |

	1. 第一次切割

2. 第二次切割	3. 第三次切割

| 项目五 组合体视图的识读 | 5-4 参照立体图，补画三视图中的漏线 | 第43页 |

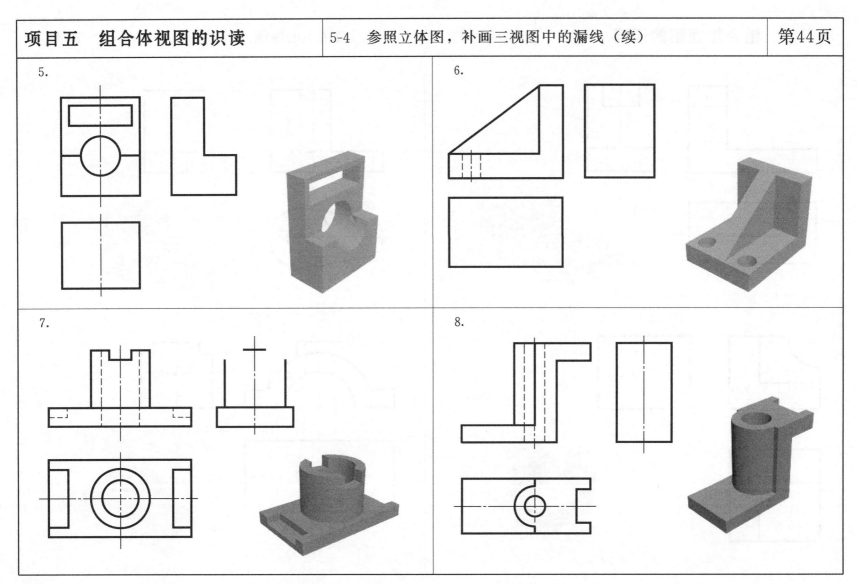

项目五　组合体视图的识读	5-5　参照立体图，根据两视图补画另一视图

1.

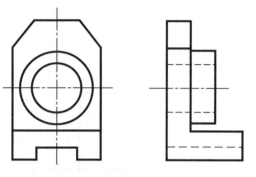

2.

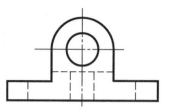

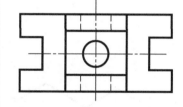

项目五　组合体视图的识读　　　5-6　参照轴测图，根据两视图补画另一视图　　第46页

1.

2.

项目五　组合体视图的识读	5-7　根据轴测图补画三视图（缺少的尺寸从图上量取）
1. 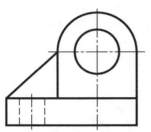 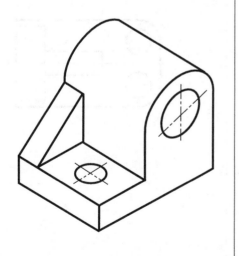	2. 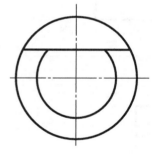 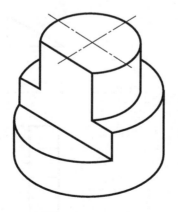

项目五　组合体视图的识读　　5-8　标注尺寸（数值从视图中量取，取整数）

1.

2.

3.

4.

| 项目五　组合体视图的识读 | 5-9　组合体的尺寸标注 |

标出宽度、高度方向尺寸主要基准，并补注视图中遗漏的尺寸（数值从图中量取）。

1.

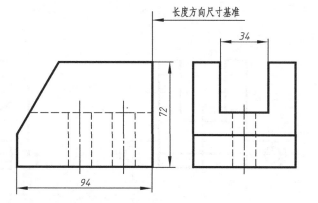

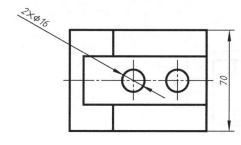

2.

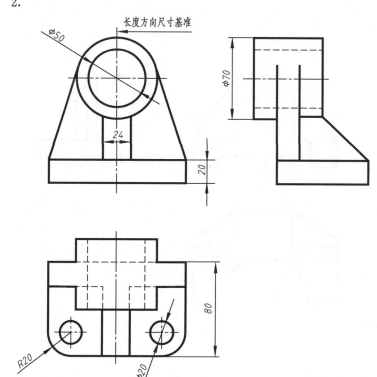

| 项目五　组合体视图的识读 | 5-9　组合体的尺寸标注（续） | 第50页 |

标注组合体的尺寸（数值从图中量取，取整数），并标出尺寸基准。

3.

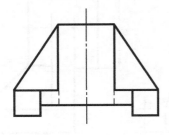
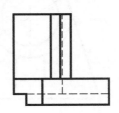

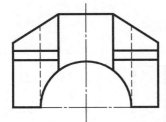

4.

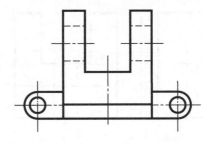
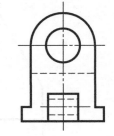

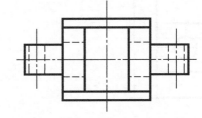

| 项目五　组合体视图的识读 | 5-10　画组合体的三视图，并标注尺寸 | 第 51 页 |

| 项目五 组合体视图的识读 | 5-10 画组合体的三视图,并标注尺寸(续) | 第52页 |

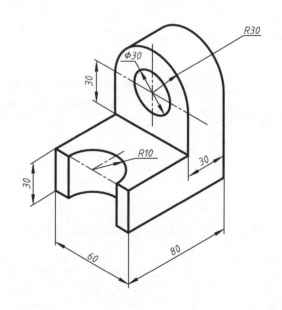

项目五　组合体视图的识读	5-11　根据所给视图作三视图	第 53 页

作业提示　
1. 进一步理解物与图之间的对应关系，掌握运用形体分析的方法绘制组合体的三视图。
2. 要求：根据轴测图画组合体三视图，并标注尺寸，完整地表达组合体形状。标注尺寸要齐全、清晰，符合国家标准。
3. 图名：组合体。
4. 图幅：A4 图纸，比例自选。
5. 步骤及注意事项。

（1）对所绘组合体进行形体分析，选择主视图，按轴测图测量尺寸，数值取整。合理布置三个视图位置，注意视图间预留标注尺寸的空间。
（2）逐步画出组合体的三视图。
（3）标注尺寸时应注意尺寸布置，以尺寸齐全、注法符合标准、配置适当为原则。
（4）完成底稿，经仔细校核后，清理图面，用铅笔描深。
（5）图面质量与标题栏的要求按标准完成。

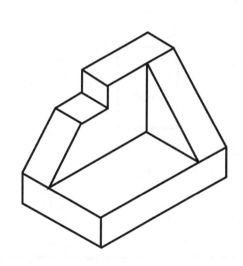
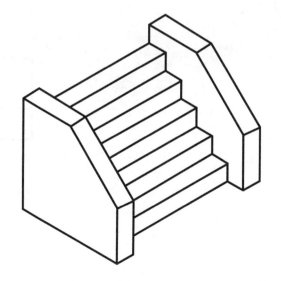

| 项目五 组合体视图的识读 | 5-12 组合体三视图的识读 | 第54页 |

参照轴测图，根据所给的主视图补画俯、左视图（立体的宽度为25mm）。

1.

2.

3.

4.

| 项目五　组合体视图的识读 | 5-12　组合体三视图的识读（续） | 第 55 页 |

参照轴测图，根据所给的主视图补画俯、左视图（立体的宽度为 25mm）。

1.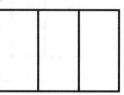

2.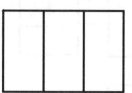

3.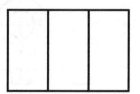

4.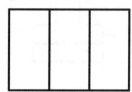

| 项目五 组合体视图的识读 | 5-13 参照第1题，读懂组合体的三视图，并填空 |

1.
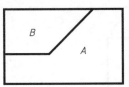
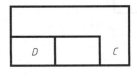
E 线框表示___面，A 面在 B 面之___（前、后），C 面在 D 面之___（上、下），E 面在 F 面之___（左、右）。

2.
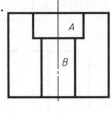
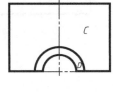
A 线框表示___面，D 线框表示___面，A 面在 B 面之___（前、后），C 面在 D 面之___（上、下）。

3.
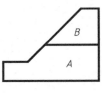
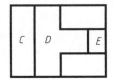
A 线框表示___面，D 线框表示___面，A 面在 B 面之___（前、后），C 面在 E 面之___（上、下）。将 D 面在主、俯、左视图中的投影涂成红色（如为积聚投影，则将其描红）。

4.
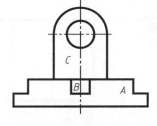
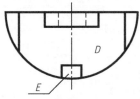
A 线框表示___面，B 线框表示___面，C 面在 B 面之___（前、后），D 面在 E 面之___（上、下）。将 A 面在主、俯、左视图中的投影涂成红色（如为积聚投影，则将其描红）。

| 项目五　组合体视图的识读 | 5-14　根据给定视图补画左视图（有多种答案，至少画两个） |

| 项目五　组合体视图的识读 | 5-15　根据两视图补画第三视图　第58页 |

1.

2.

3.

4.

| 项目五　组合体视图的识读 | 5-15　根据两视图补画第三视图（续） | 第59页 |

5.

6.

7.

8.

项目五　组合体视图的识读　　　　5-15　根据两视图补画第三视图（续）

9.

10.

项目五　组合体视图的识读　　　　　　　　5-16　由已知两视图画正等轴测图，补画第三视图

1.

2.

项目五 组合体视图的识读　　　5-17 补画左视图　　　第62页

1.

2.

3.

4.

项目五　组合体视图的识读　　　　5-18　根据给出的两视图选择正确的左视图

1. 已知物体的主、俯视图，正确的左视图是（　　）。

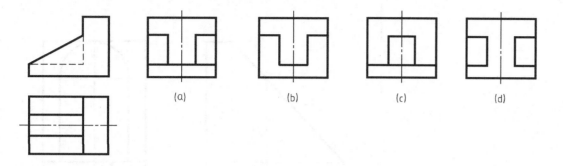

2. 已知物体的主、俯视图，错误的左视图是（　　）。

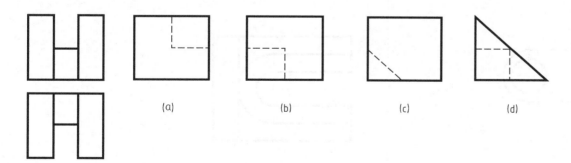

项目五　组合体视图的识读　　　5-19　识读组合体视图，标注尺寸（从图中量取，取整数）

1.

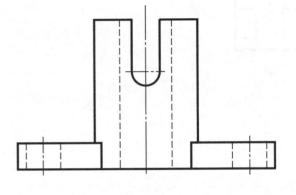

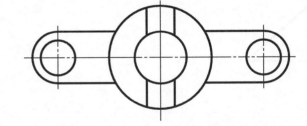

2.

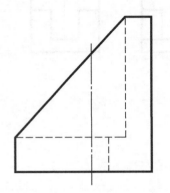 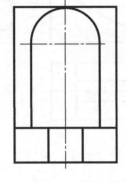

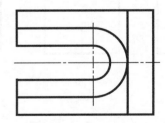

项目五 组合体视图的识读

5-20 训练与自测

1. 组合体是指由若干_____按一定的方式_____而成的形状比较复杂的类似机器零件的形体。
2. 组合体的组合形式有_____型、_____型和_____型三种。
3. 多数组合体则是既有_____又有_____的综合型。
4. 形体的相邻表面之间可能形成_____、_____或_____三种特殊关系。
5. 当两形体邻接表面不共面时，两形体的投影应有_____隔开。
6. 当两形体邻接表面共面时，在共面处不应有邻接表面的_____线。
7. 两形体相交时，其相邻表面必产生_____，在相交处应画出_____的投影。
8. 当两形体邻接表面相切时，由于相切是_____过渡，所以切线的投影_____，相切处画线是_____的。
9. 画组合体视图时，首先要_____把组合体分解成若干个_____或组成部分。
10. 通过分析各基本几何体或各组成部分的形状、_____、_____及连接关系，判断形体间相邻表面是否存在_____、_____或_____的关系，从而达到了解_____的目的，这种分析方法称为形体分析法。
11. 组合体的分解过程往往不是_____的，可以用不同的方式分解达到最后一个_____目的。
12. 分解组合体是一种假想的分析问题的方法，实际组合体是一个_____的整体。
13. _____法是学习画组合体视图或看组合体视图的基本方法。
14. 叠加型组合体的视图画法是先进行_____、再选择_____。
15. 所谓面形成分析法，是根据表面的投影特性来分析组合体表面的_____、_____和_____，从面完成画图和读图的方法。
16. 尺寸标注的基本要求：_____、_____、_____、_____。

17. 对于带切口的形体，除标注基本几何体尺寸外，还要注出确定_____位置的尺寸。

18. 基准就是标注尺寸的_____。组合体是一个空间形体，有_____、_____、_____三个方向的尺寸，每个方向至少要有一个基准。

19. 为满足加工或测量需要同一方向可以有几个尺寸基准，则其中一个为_____基准，其余为_____基准，但_____和_____两基准间必须有直接的尺寸联系。

20. 通常以零件的_____面、_____面、_____平面和_____线作为尺寸基准。

21. 为了使尺寸标注完整，按各组成部分尺寸种类即定形尺寸、定位尺寸和总体尺寸分别标注，即可做到不_____、不_____。

22. 尺寸标注的清晰性包括：_____突出、相对_____、_____整齐。

23. 确定组合体各组成部分形状大小的尺寸称为_____尺寸。

24. 确定组合体各组成部分相对位置的尺寸称为_____尺寸。

25. 直接确定组合体总长、总宽、总高的尺寸称为_____尺寸。

26. 同一结构的定形、定位尺寸应尽量集中标注在反映其_____最明显的视图上。

27. _____尺寸尽量标注在反映该部分形状特征的视图上。

28. R 值应标注在反映_____的视图上。ϕ 值一般标注在_____的视图上，也可标注在反映_____的视图上。

29. 同方向的平行尺寸，应使小尺寸在_____，大尺寸在_____，间隔_____，避免尺寸线与尺寸界线_____。

30. 用形体分析法读图要抓_____，看_____，划_____，分_____。

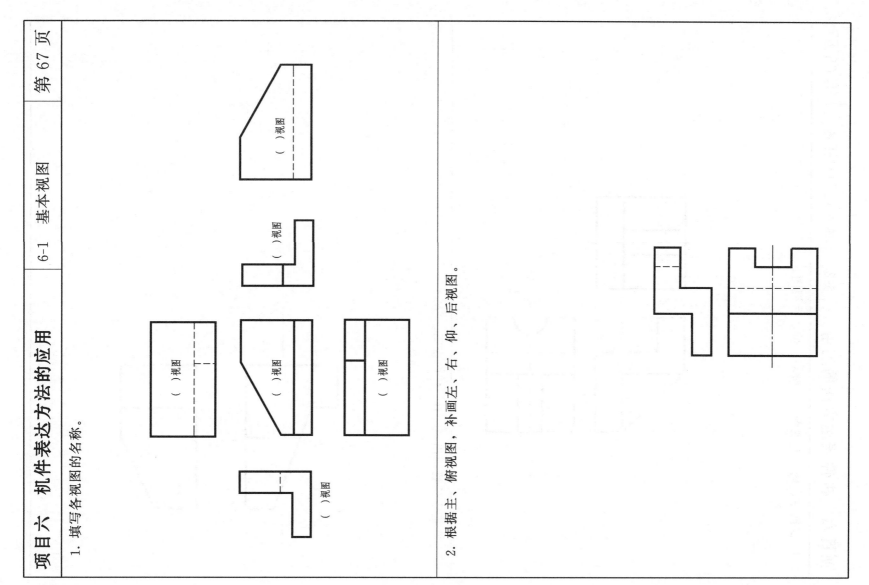

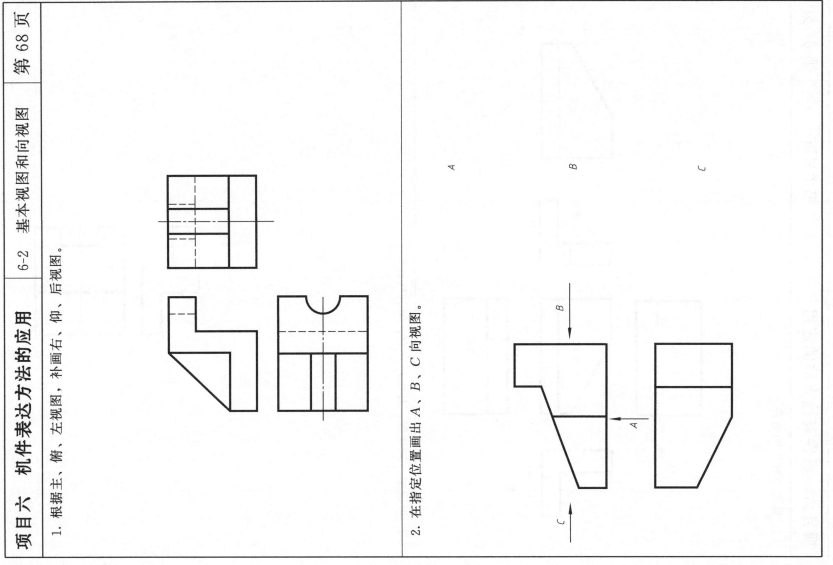

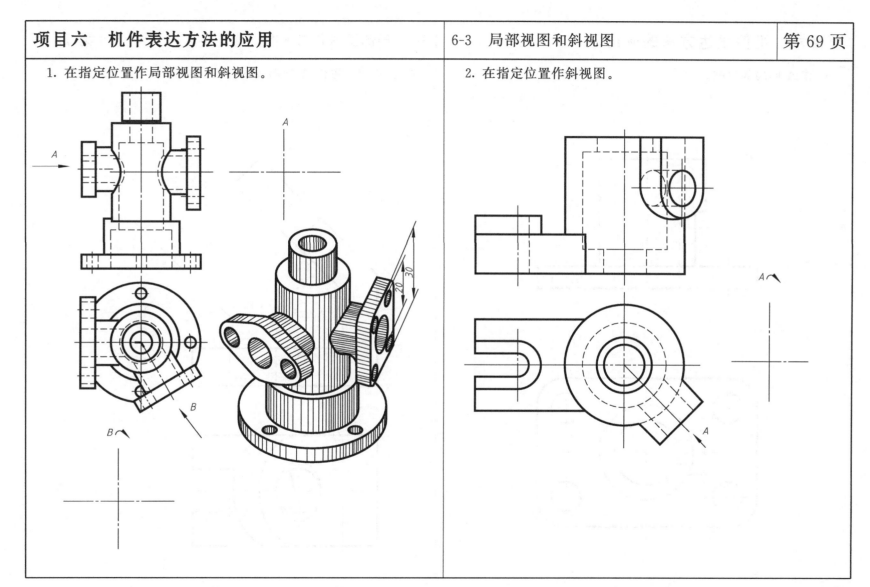

项目六　机件表达方法的应用	6-3　局部视图和斜视图（续）
3. 作 A 向局部视图。 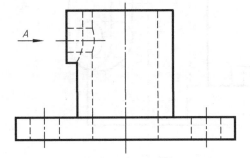 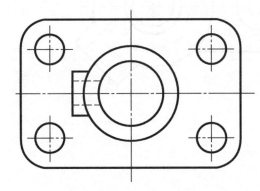	4. 在指定位置作 A 向斜视图。 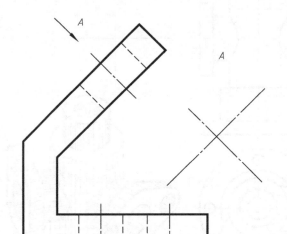 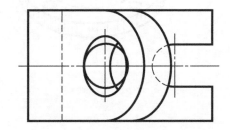

| 项目六　机件表达方法的应用 | 6-4　将主视图改成全剖视图 | 第71页 |

1.

2.

项目六　机件表达方法的应用　　　　　6-4　将主视图改成全剖视图（续）

3.

4.

项目六　机件表达方法的应用	6-5　将主视图改成半剖视图
1.	2.

项目六 机件表达方法的应用	6-6 半剖视图
1. 将主视图画成半剖视图。 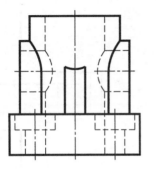 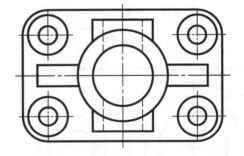	2. 根据机件的两视图，画出全剖的主视图和半剖的左视图。 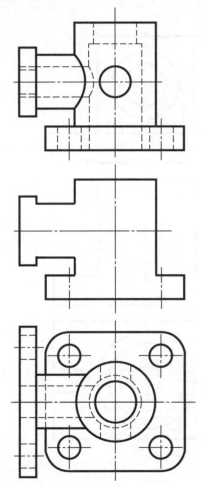

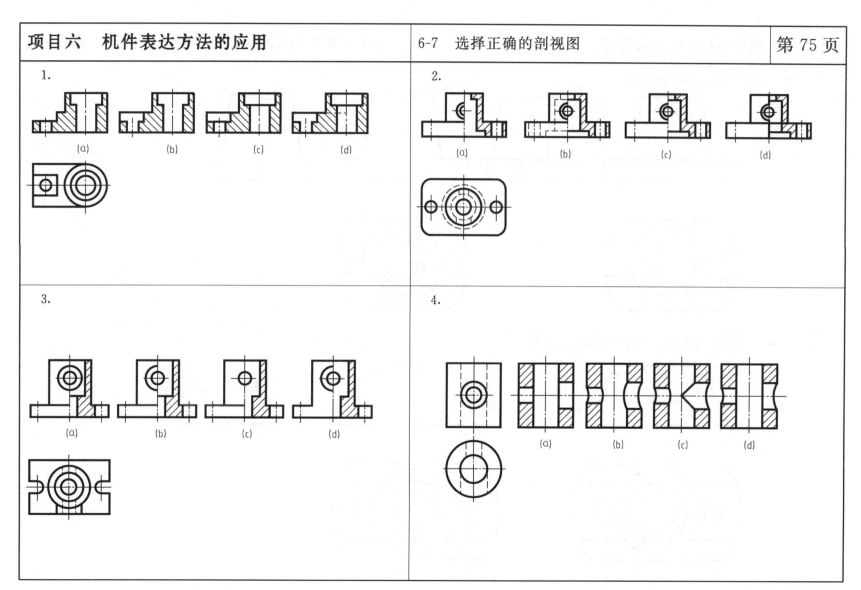

项目六　机件表达方法的应用　　　6-8　绘制正确的剖视图

1. 将主、左视图绘制成半剖视图。

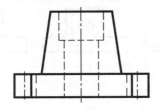 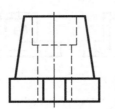 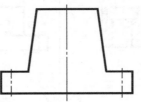 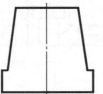

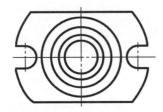 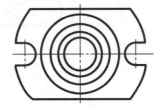

2. 将主视图画成半剖视图，左视图画成全剖视图。

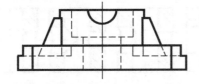  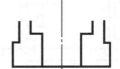

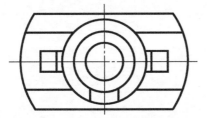 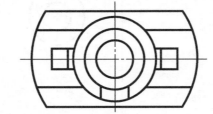

项目六　机件表达方法的应用	6-9　补画视图中所缺的图线

1.

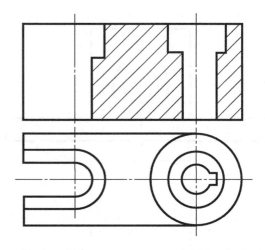

2.

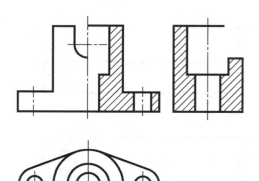

3.

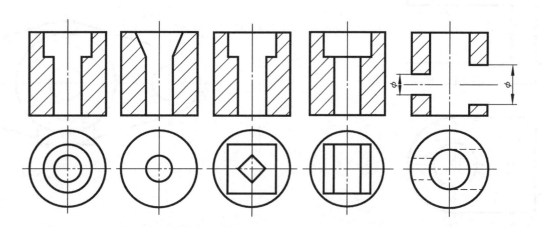

项目六　机件表达方法的应用　　6-10　将主视图和俯视图改画为恰当的局部剖视图　　第78页

1.

2.

3.

4.

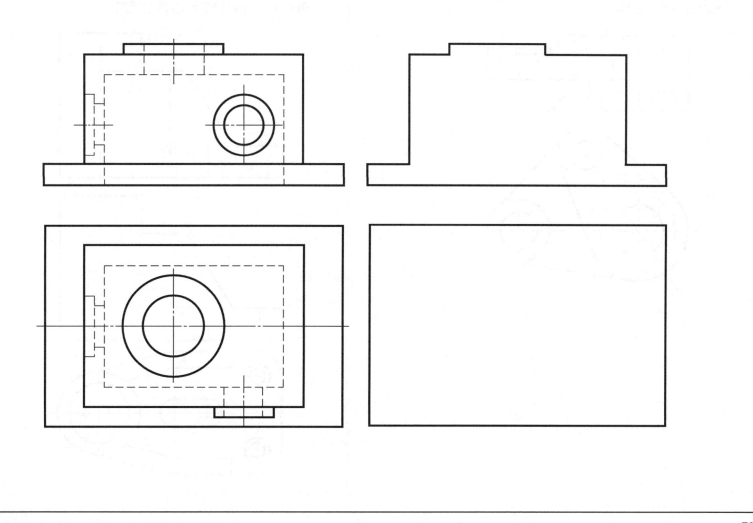

项目六　机件表达方法的应用

6-11　单一剖切面和几个平行剖切平面

第 80 页

1. 画出 A—A 斜剖视图。

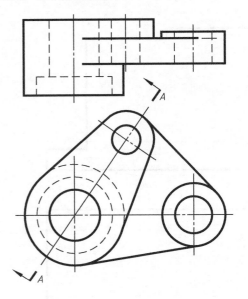

2. 用几个平行剖切平面剖切主视图。

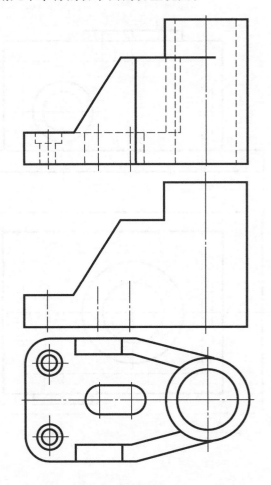

项目六　机件表达方法的应用　　6-12　用几个平行剖切平面将主视图画成恰当全剖视图

1.

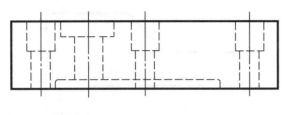

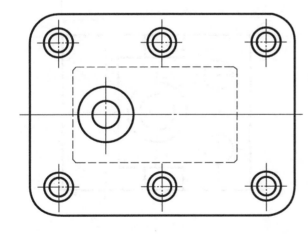

2.

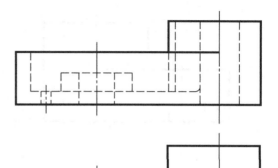

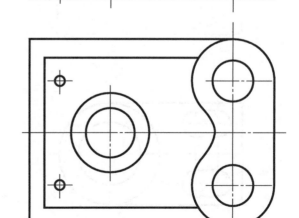

项目六　机件表达方法的应用　　6-12　用几个平行剖切平面将主视图画成恰当的全剖视图（续）

3.
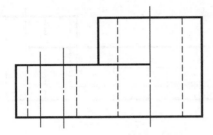
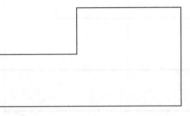
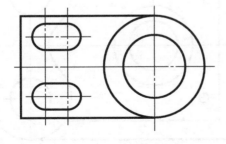

4.
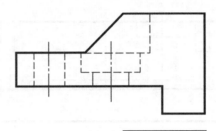
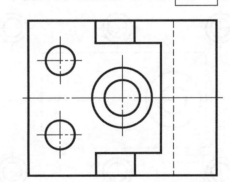

项目六　机件表达方法的应用　　6-13　用几个相交剖切平面将主视图画成恰当全剖视图　　第83页

1.

2.

项目六　机件表达方法的应用　　6-14　用混合剖切平面将主视图画成恰当的全剖视图

1.

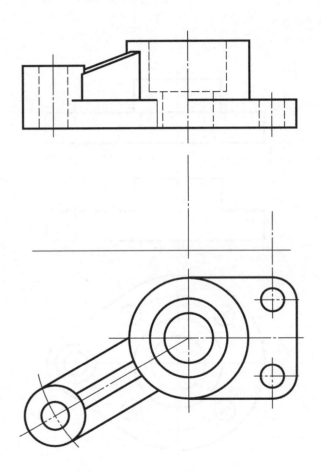

2.

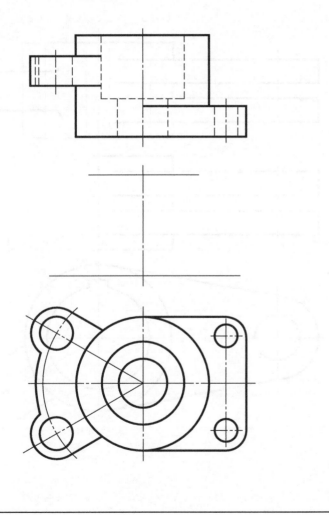

| 项目六　机件表达方法的应用 | 6-15　选择正确的剖视图 | 第85页 |

1.

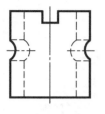 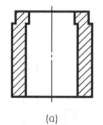 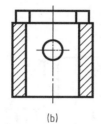 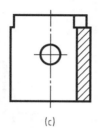 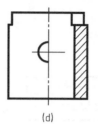
　　　　　　(a)　　　　(b)　　　　(c)　　　　(d)

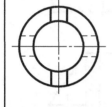

3.

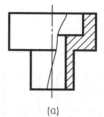 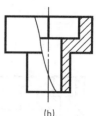
　　(a)　　　　　(b)

 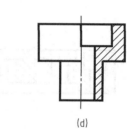
　　(c)　　　　　(d)

2.

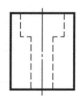 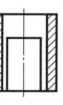 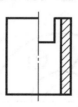 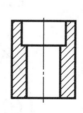
　　　　(a)　　　(b)　　　(c)　　　(d)

项目六　机件表达方法的应用

6-15　选择正确的剖视图（续）

4.

5.

项目六　机件表达方法的应用　　6-16　断面图

1. 在指定位置画出轴的移出断面图，槽深4mm，平面深3mm。

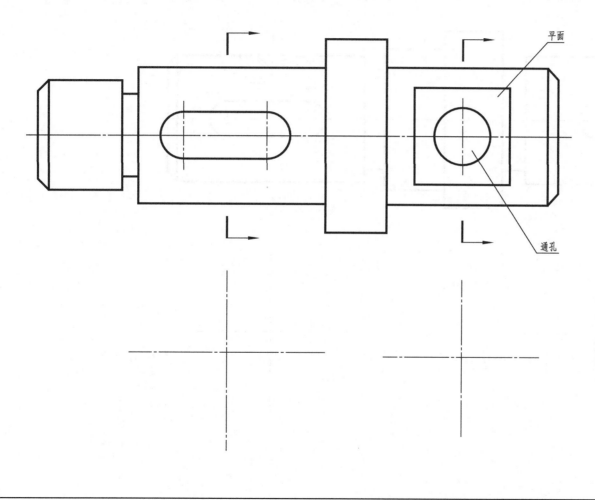

项目六　机件表达方法的应用　　6-16　断面图（续）

2. 画出轴的 $A—A$ 和 $B—B$ 移出断面图，槽深 4mm，圆孔为通孔。

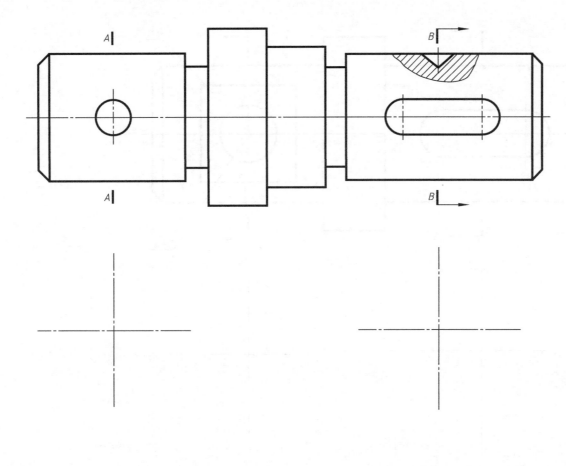

项目六　机件表达方法的应用　　　　　　6-16　断面图（续）

3. 在指定位置画出轴的移出断面图。

4. 在指定位置画出轴的移出断面图。

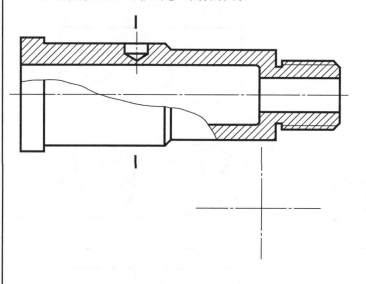

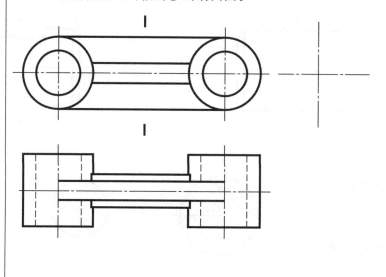

5. 选择正确的移出断面图。

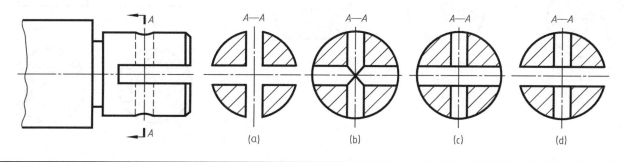

项目六 机件表达方法的应用

6-17 选择正确的移出断面图

1.

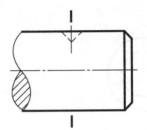

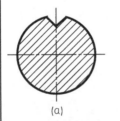 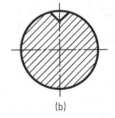
(a)　　　　(b)

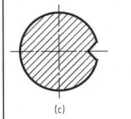 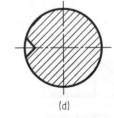
(c)　　　　(d)

2.

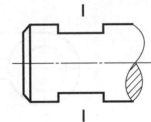

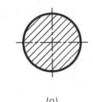 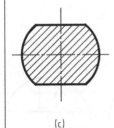
(a)　　　　(b)

(c)　　　　(d)

3.

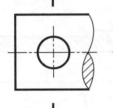

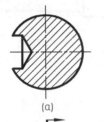 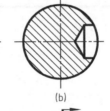
(a)　　　　(b)

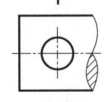 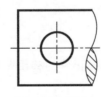

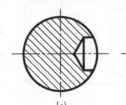 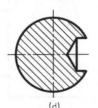
(c)　　　　(d)

项目六　机件表达方法的应用　　　　6-18　选择正确的重合断面图

1.

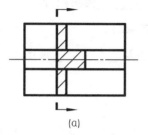
(a)
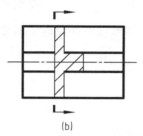
(b)
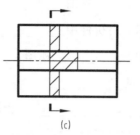
(c)
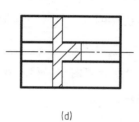
(d)

2.

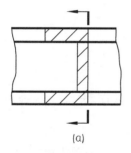
(a)
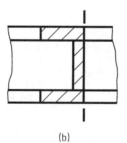
(b)
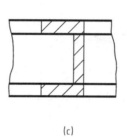
(c)
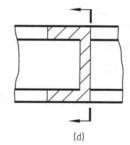
(d)

3.

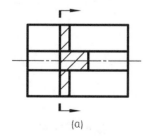
(a)
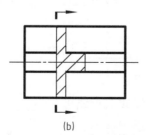
(b)
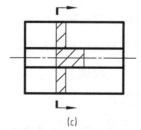
(c)
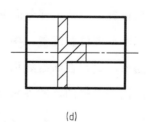
(d)

项目六 机件表达方法的应用	6-19 训练与自测

1. 视图按投影面、完整性、配置关系可分为_____视图、_____视图、_____视图和_____视图四种。

2. 视图主要用于表达机件的_____结构形状，对机件中_____的结构形状在必要时才用细虚线画出。

3. 基本视图有_____视图、_____视图、_____视图、_____视图、_____视图及_____视图六个，在同一张图纸内按规定位置配置视图，一律不注视图的_____。

4. 六个基本视图仍保持"_____、_____、_____"的投影规律。

5. 仰、俯视图反映物体_____、_____方向尺寸；右、左视图反映物体_____、_____方向尺寸；后、主视图反映物体_____、_____方向尺寸。主、俯、仰、后四个视图_____相等；主、左、右、后四个视图_____相等；俯、仰、左、右四个视图_____相等。

6. 基本视图主要用于表达机件的外形，对于视图中不影响看图的_____，通常省略不画。

7. 在选择视图时一般要优先选用_____、_____、_____三个基本视图。

8. 基本视图的特点是：位置_____，不能随意_____，不需要_____，向基本投影面投影，保持着视图的_____性。

9. 向视图是可以_____配置的基本视图。向视图必须注明视图_____，在对应的视图中_____指明投射方向。

10. 向视图的特点是：_____不固定，可以随意配置，需要_____，但仍向_____投影，保留着视图的_____性。

11. _____视图是将机件的某一部分向基本投影面投射所得的视图。

12. 局部视图如果按基本视图位置配置，中间还没有其他图形隔开时，可以_____标注。

13. 局部视图也可以随意配置，在断裂处用_____线或_____线表示。

14. 当所表示的局部结构是完整的，即外轮廓线能够自行_____，波浪线或双折线可_____。

15. 斜视图是将机件向_____于基本投影面的平面投射所得的视图，在断裂处用_____或_____线断开即可。

项目六　机件表达方法的应用　　6-19　训练与自测（续）

16. 斜视图为看图方便允许_____配置，此时应按_____视图标注，且加注_____符号，斜视图标注对应大写字母放在_____一侧。

17. _____用一剖切面（平面或曲面）剖开机件，移去_____和_____之间的部分，将其余部分向投影面投射，所得的图形称为剖视图（简称剖视）。

18. 国家标准规定用最简单的相互_____的_____线作为金属材料的剖面符号即剖面线。

19. 同一零件的剖面线必须方向_____且间距_____，剖面线的间距按_____的大小确定。

20. 剖面线的方向一般与其相邻的主要轮廓线或剖面区域的对称中心线成_____角。

21. 剖开机件后凡可见轮廓线都应画出，一般省去剖视图中的_____线，剖切面后面的可见结构一般应全部画出。

22. 剖视图中_____一般不画出。

23. 用_____线的短线段表示剖切面起始、转折和终止位置。

24. 根据机件的结构特点，可以选择以下剖切面：_____剖切面、几个_____的剖切面、几个_____的剖切面。

25. 一般按剖开机件的范围大小不同，剖视图可分为_____视图、_____视图和_____剖视图三种。

26. 用剖切平面局部地剖开机件所得的剖视图称为_____剖视图。

27. 用剖切平面假想将机件某处切断，只画出该剖切面与机件接触部分的图形，即_____图（简称_____）。

28. 按断面图的摆放位置不同，断面图分为_____断面图和_____断面图两种。

29. 画在视图之外的断面图称为_____断面图，_____断面图的轮廓线用_____线画出。

30. 剖切后将断面图形重叠画在视图之内的断面图称为_____断面图，重合断面的轮廓线用_____线绘制。

| 项目七 机械图样的特殊表示法 | 7-1 分析螺纹画法中的错误，并在指定位置画出正确的图形 |

1.
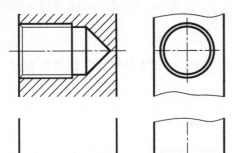

2.
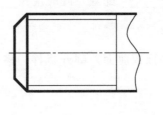 

3.
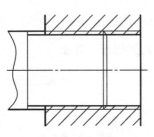

4.
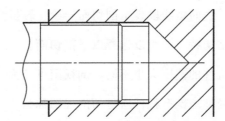

项目七　机械图样的特殊表示法　　　　　　　　7-2　填表说明螺纹标记的含义

1

螺纹标记	螺纹种类	公称直径	螺距	导程	线数	旋向	公差带代号
M20×1-5g6g-LH							
M16×Ph6P2-5g6g-L							
B40×6LH-7a							
B40×14(P7)LH-8c-L							
Tr48×16(P8)-7e LH							
Tr40×7-7H							

2.

螺纹标记	螺纹种类	尺寸代号	螺距	旋向	公差等级
G1A					
R$_1$1/2					
Rc1-LH					
Rp2					

项目七 机械图样的特殊表示法

7-3 根据给定的螺纹要素，在图上进行标注

第 96 页

1. 普通粗牙螺纹：公称直径 16mm，螺距 2.5mm，右旋，中径顶径公差带代号均为 5g、短旋合长度。

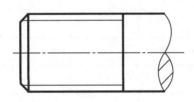

2. 普通细牙螺纹：公称直径 16mm、螺距 1mm，左旋，中径顶径公差带代号均为 7H，中等旋合长度。

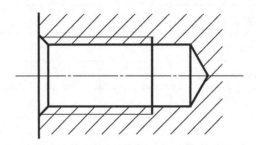

3. 梯形螺纹，公称直径 26mm，螺距 8mm，双线，右旋，中径公差代号为 8H，中等旋合长度。

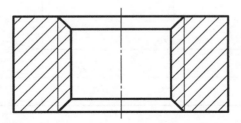

4. 55°非密封管螺纹，尺寸代号为 3/4，公差等级为 B 级，左旋。

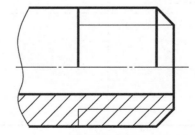

项目七　机械图样的特殊表示法　　7-4　查表确定下列螺纹紧固件尺寸,并写出其标记

1. A级六角头螺栓（GB/T 5782—2000）。

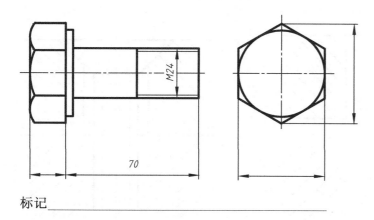

标记_____

2. 螺母（GB/T 6170—2000）。

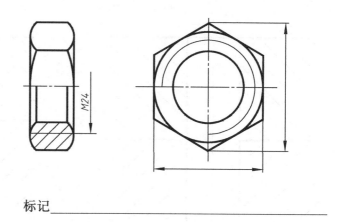

标记_____

3. 双头螺柱（GB/T 897—1988）。

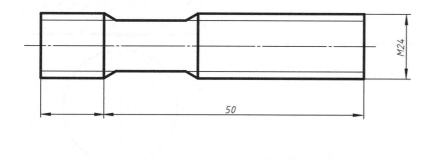

标记_____

4. 垫圈（GB/T 97.1—2002，公称尺寸14mm）。

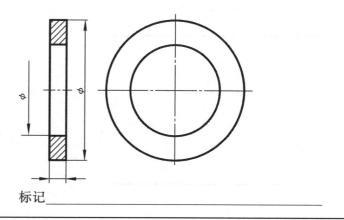

标记_____

项目七　机械图样的特殊表示法　　　　7-5　画螺纹连接　　　　第98页

1. 螺栓 GB/T 5782 M12×80。　　2. 双头螺柱 GB/T 898—1988 M16×35。　　3. 螺钉 GB/T 68 M10×40。

项目七　机械图样的特殊表示法　　7-6　齿轮

已知直齿圆柱齿轮 $m=4$、$z=20$，齿轮端部倒角 $C2$，完成齿轮工作图，并标注尺寸。

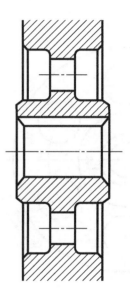
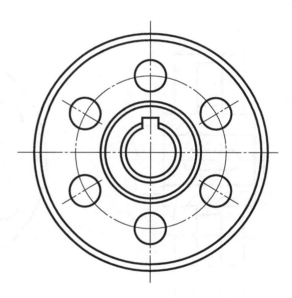

项目七　机械图样的特殊表示法

7-7　画啮合齿轮

已知大齿轮 $m=4$、$z=40$，两轮中心距 $a=120$，试计算大、小齿轮的基本尺寸，并用 1∶2 的比例完成啮合图。

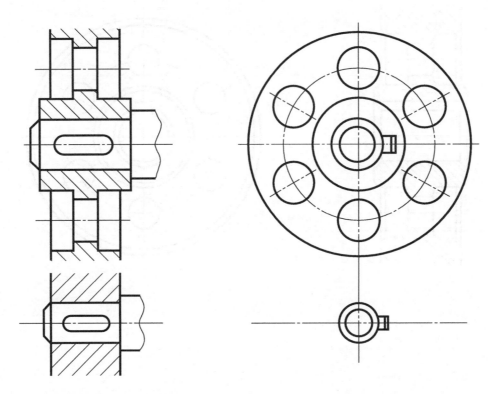

项目七 机械图样的特殊表示法

7-8 画键连接

根据图（1）的轴和齿轮视图，在图（2）中画用普通平键（5×14）连接轴和齿轮的装配图。

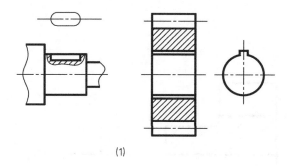

(1)

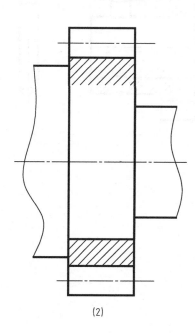

(2)

项目七　机械图样的特殊表示法

7-9　画销连接

根据图（1）轴、齿轮和销的视图，在图（2）中画用销（6×45）连接轴和齿轮的装配图。

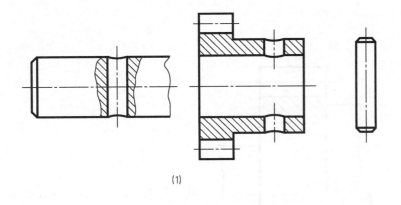

(1)

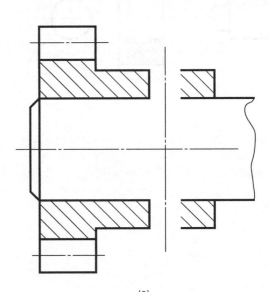

(2)

项目七　机械图样的特殊表示法　　7-10　滚动轴承

用简化画法画装配图中的滚动轴承。

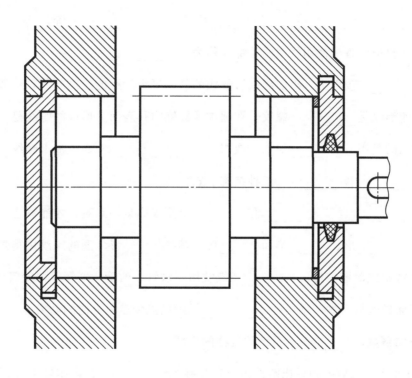

项目七　机械图样的特殊表示法

7-11　训练与自测

1. 生产实际中，国家对于需用量大且使用广泛的零件制订了专门的标准，此类零件统称为_____。

2. 常见的标准件有：_____、_____、_____、_____、_____等。

3. 像齿轮、滚动轴承、弹簧等在机械设备中使用较多的零部件称为_____。

4. 螺纹是指在_____或_____表面上，沿螺旋线所形成的具有规定牙型的连续凸起，一般称其为"_____"。

5. 在圆柱或圆锥外表面上形成的螺纹是_____螺纹，在圆柱或圆锥内孔表面上形成的螺纹是_____螺纹。

6. 加工螺纹的方法比较多，常见的是用_____加工，或用_____、_____加工螺纹。

7. 螺纹末端有_____、_____和_____三种结构形式。

8. 只有当内外螺纹的_____、_____、_____、_____和_____五个要素完全一致时，才能够正常地旋合。

9. 常见的螺纹牙型有____形、____形、____形和____形，其中____形牙型的螺纹用得最普遍。

10. _____螺纹用于细小的精密或薄壁零件；_____螺纹用于水管、油管、气管等薄壁管子上，用于管路的连接。

11. _____螺纹用于各种机床的丝杠，做传动用。_____螺纹只能传递单方向的动力。

12. _____是螺纹凸起部分的顶端，_____是螺纹沟槽的底部。

13. 与外螺纹的牙顶或者内螺纹牙底相切假想圆柱或圆锥面的直径称为_____，内螺纹大径用_____表示，外螺纹大径用_____表示，它们都是螺纹的公称直径。

14. 螺纹的中径是一个假想圆柱或圆锥的直径，该圆柱或圆锥的母线通过牙型上_____和凸起_____相等的位置。

15. 螺纹的线数是指形成螺纹时的螺旋线的_____，用_____来表示。螺纹有_____线和_____线之分。

项目七　机械图样的特殊表示法　　7-11　训练与自测（续）

16. 在螺纹上相邻两个牙型在中径线上对应两点之间的轴向距离 P 称为_____。同一条螺旋线上相邻两个牙型在中径线上对应两点之间的轴向距离 P_h 称为_____。

17. _____螺纹常用在机件需要经常或快速打开的位置。

18. 螺纹按旋进的方向不同，可分为_____旋螺纹和_____旋螺纹。

19. 按顺时针方向旋进的螺纹称为_____螺纹，螺旋线左_____右_____。

20. 按逆时针方向旋进的螺纹称为_____螺纹，螺旋线_____低_____高，在机件上经常用的是_____螺纹。

21. 螺纹按用途可分为四类：_____螺纹、_____螺纹、_____螺纹、_____螺纹。

22. 无论是内螺纹还是外螺纹，牙顶都用_____表示，牙底用_____表示。

23. 表示螺纹牙底的细实线圆只画大约_____圈，螺纹终止线用_____表示。

24. 不论是内螺纹还是外螺纹，其剖视图或断面图上的剖面线都必须画到_____线处。

25. 螺纹连接时内外径是重合的，旋合部分按_____画；其余部分按_____的规定画。

26. 旋向为左旋时均应在规定位置写"LH"，未注者均指_____螺纹。

27. 当螺纹中径与顶径公差带代号_____时，为避免重复只标注一个公差带代号，当螺纹为_____时，不用标注螺距。

28. 梯形螺纹和锯齿形螺纹的标注形式相同。梯形螺纹的牙型代号"_____"，锯齿形螺纹的牙型代号为"_____"。

29. 管螺纹分为_____管螺纹（R、Rc、Rp）和_____管螺纹（G）。

30. 管螺纹的尺寸代号不是螺纹的大径，而是管子的近似_____，单位为_____。

项目七 机械图样的特殊表示法　　7-11 训练与自测（续）

31. 螺栓由_____及_____两部分组成，头部形状以_____的应用最广。

32. 决定螺栓的规格尺寸为_____及_____。

33. 垫圈通常垫在_____和被连接件之间，目的是增加螺母与被连接零件之间的_____。

34. 垫圈分为_____垫圈和_____垫圈两种，_____垫圈还可以防止因振动而引起的螺母松动。

35. 螺钉按使用性质可分为_____螺钉和_____螺钉两种。

36. 常用的紧固连接形式有_____连接、_____连接和_____连接三种。

37. 螺栓适用于连接两个_____的能钻成通孔的零件。

38. 当被连接零件中有一薄一厚，较厚件不适合钻成通孔时，可采用_____连接。其中螺柱一端旋入被连接件，称为____端；拧螺母的一端在被连接零件之外称为_____端。

39. 螺钉按用途可分为_____螺钉和_____螺钉两种，前者用于_____零件，后者用于_____零件。

40. _____螺钉可以用来固定两个零件，能保证它们在机器中相对静止，不能产生_____运动。

41. 紧定螺钉端部结构分_____端、_____端、_____端三种。

42. 齿轮传动按轮齿方向分为_____圆柱齿轮传动、_____圆柱齿轮传动、_____圆柱齿轮传动。

43. 齿轮传动按啮合情况分为_____齿轮传动、_____齿轮传动、_____传动。

44. 锥齿轮传动分为_____齿和_____齿传动两种。

45. 齿全高是_____圆与_____圆之间的径向距离，用_____表示。

项目七　机械图样的特殊表示法　　　　7-11　训练与自测（续）

46. 齿轮的齿距 p 除以圆周率 π 所得的商称为_____。

47. _____连接是一种可拆卸连接，用于连接轴和齿轮或轴和皮带轮等，来传递动力或转矩。

48. 键为标准件，常用的键有_____平键、_____键和_____键。

49. 销是标准件，主要用于零件之间的_____，也可用于零件之间的连接，但只能传递_____的转矩。

50. 常用的销有_____销、_____销和_____销。

51. 弹簧在部件中的作用是_____、_____、_____、_____和_____等。

52. 弹簧的种类较多，作用各有不同。有_____弹簧、_____弹簧、_____弹簧、_____弹簧、板簧等。

53. 左旋弹簧亦可画成右旋，但应注写"_____"字。

54. _____是用来支承轴的标准部件，它可以大大减少轴与孔相对运动时的摩擦。

55. 滚动轴承的结构：_____、_____、_____、_____。

56. 滚动轴承的分类：_____轴承、_____轴承、_____轴承。

57. _____轴承主要承受径向载荷，_____轴承主要承受轴向载荷，_____轴承同时承受径向和轴向载荷。

58. 国家标准对滚动轴承的画法作了统一的规定，有_____画法和_____画法。

59. 滚动轴承的代号由_____代号、_____代号和_____代号三部分组成。

60. 中心孔一般是_____或_____的轴类零件在加工过程中为了防止变形而为顶丝顶紧而加工的结构。

61. 通常用_____剖视图表示中心孔的内部结构，并且需要标注各部分尺寸。

项目八 零件图

8-1 读齿轮轴零件图

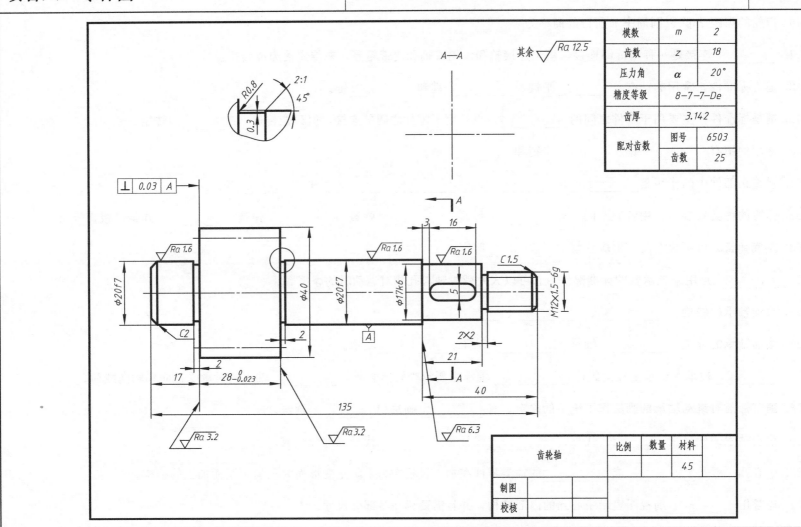

项目八　零件图　　　　　　　　　　　　　8-1　读齿轮轴零件图（续）　　　　　　　第 109 页

读齿轮轴零件图，并回答下列问题：

1. 说明 M12×1.5-6g 含义：_____。

2. 说明 ⊥ 0.03 A 含义：_____。

3. 说明 ϕ20f7 的含义：ϕ20 为_____，f7 是_____。

4. 指出图中的工艺结构：

（1）它有_____处倒角，其尺寸分别为_____，_____。

（2）它有_____处退刀槽，其尺寸为_____。

5. 说明 C1.5 的含义：_____。

6. 说明 ϕ17k6 的含义：_____。

7. 说明 $\overline{A}$ 的含义：_____。

8. 说明 $\sqrt{Ra\,1.6}$ 的含义：_____。

9. 说明 $28_{-0.023}^{\ 0}$ 的公称尺寸是_____，上偏差是_____，下偏差是_____，公差是_____。

10. 零件图中键槽的宽度是_____。

11. 齿轮的模数是_____，齿数是_____。

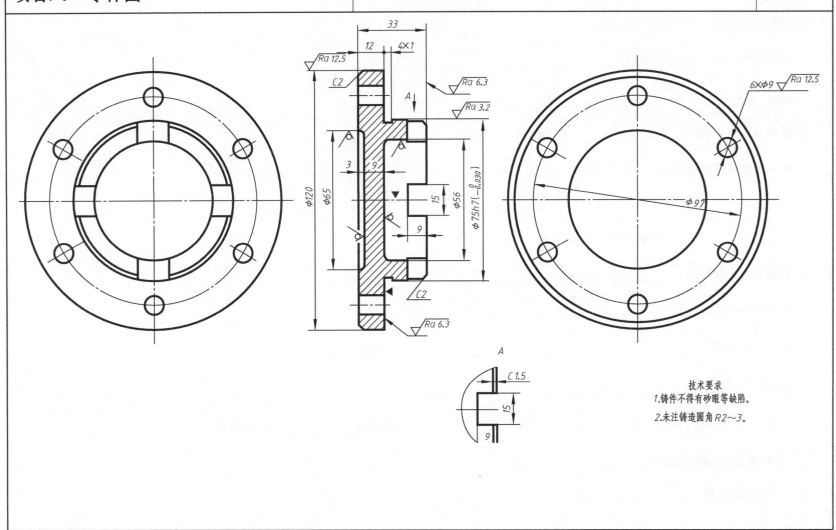

项目八 零件图　　　8-2 读压盖零件图（续）

读压盖零件图，回答下列问题：

1. 表达该类零件所用的一组图形分别为_____，_____，_____。

2. φ75h7 的基本尺寸是_____，基本偏差代号是_____，公差等级是_____，最大极限尺寸是_____，最小极限尺寸是_____。

3. A 局部视图上尺寸 C1.5 的含义是_____。

4. 端盖的周围均匀分布_____个孔。

5. 6×φ9 √Ra 12.5　表达的含义是_____。

6. φ75h7 ($_{-0.030}^{0}$) 表达的含义是：公称尺寸是_____，标准公差等级是_____，基本偏差代号为_____的轴，上偏差是_____，下偏差是_____。

7. 图中 4×1 表达的含义是：_____。

8. √ 表达的含义是：_____。

9. 图中有_____处倒角，倒角的尺寸是_____。

10. 零件图的技术要求有_____个，分别是_____，_____。

11. A 向局部视图表达的含义是：_____。

项目八 零件图

8-3 读传动轴零件图

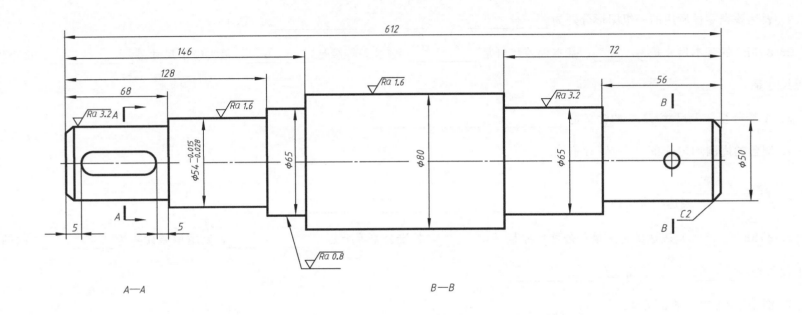

A—A   B—B

传动轴	比例	数量	材料
			45
制图			
校核			

项目八 零件图

8-3 读传动轴零件图（续）

读传动轴零件图，并回答下列问题：

1. 此零件是_____类零件，适合用_____加工，使用的材料是_____。

2. 此零件表面质量要求最高的粗糙度代号是_____。

3. $\phi 54$ 的基本尺寸是_____，最大极限尺寸是_____，最小极限尺寸是_____。

4. 在图中指定位置按 1∶1 绘制 $A—A$ 和 $B—B$ 断面图。

5. 解释形位公差的含义。

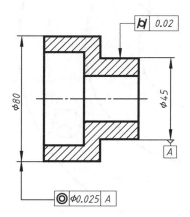

| 项目八　零件图 | 8-4　读通盖零件图 | 第114页 |

| 项目八　零件图 | 8-4　读通盖零件图（续） | 第115页 |

看懂通盖零件图并填空：

1. 该零件适合在＿＿＿＿＿＿上加工，其上有＿＿＿＿＿＿个孔，孔的定形尺寸为＿＿＿＿＿＿，孔的定位尺寸为＿＿＿＿＿＿。

2. 主视图采用的是＿＿＿＿＿＿剖视图，剖面线应互相＿＿＿＿＿＿，且＿＿＿＿＿＿相等。

3. 该零件上表示形位公差的要求的是＿＿＿＿＿＿，它的含义是＿＿＿＿＿＿。

4. 该零件中带有尺寸偏差的尺寸是＿＿＿＿＿＿，其基本尺寸为＿＿＿＿＿＿，基本偏差是＿＿＿＿＿＿，最大极限尺寸是＿＿＿＿＿＿，最小极限尺寸是＿＿＿＿＿＿，公差是＿＿＿＿＿＿。

5. 该零件轴向的尺寸基准是＿＿＿＿＿＿，径向的尺寸基准是＿＿＿＿＿＿。

6. 通盖的右端面的表面粗糙度为＿＿＿＿＿＿，它的含义是＿＿＿＿＿＿。

7. 说明图中下列形位公差的意义：

| ⌭ | 0.025 | A | 被测要素为＿＿＿＿＿＿，基准要素为＿＿＿＿＿＿，公差项目为＿＿＿＿＿＿，公差值为＿＿＿＿＿＿。

8. 该零件中 $\phi 40$ 尺寸处通常要安装＿＿＿＿＿＿，目的是＿＿＿＿＿＿。

9. 通盖与其他件的连接通常要用到＿＿＿＿＿＿。

10. 通盖的右侧通常要安装＿＿＿＿＿＿，目的是＿＿＿＿＿＿。

项目八　零件图　　　8-5　训练与自测

填空题

1. 表面粗糙度符号顶角为_____度。

2. 符号 ∀ 表示该表面是用_____方法获得的。

3. 基孔制配合的基准件是孔,基准孔的基本偏差代号为_____;基轴制配合的基准件是_____,基准轴的基本偏差代号为 h。

4. 一张完整的零件图应包括下列四项内容:_____、_____、_____、_____。

5. 图样中的图形只能表达零件的_____,零件的真实大小应以图样上所注的_____为依据。

6. 选择零件图主视图的原则有_____、_____、_____。

7. 标注尺寸的_____称为尺寸基准,机器零件在_____三个方向上,每个方向至少有一个尺寸基准。

8. 机器零件按其形体结构的特征一般可分为四大类,它们是_____、_____、_____、_____。

9. 零件上常见的工艺结构有_____、_____、_____、_____、_____等。

10. 表面粗糙度是评定零件_____的一项技术指标,常用参数是_____,其值越小,表面越_____;其值越大,表面越_____。

11. 当零件所有表面具有相同的表面粗糙度要求时,可在图样上方_____。

12. 标准公差是国家标准所列的用以确定_____的任一公差。

13. 对于一定的基本尺寸,公差等级越高,标准公差值越____,尺寸的精确程度越_____。

14. 配合的基准制有_____和_____两种。优先选用_____。

15. 形状公差项目有_____、_____、_____、_____、_____、_____六种。

项目八　零件图　　　　　　　　　　　　8-5　训练与自测（续）

16. 位置公差是指_____的位置对其_____的变动量。理想位置由_____确定。

17. 位置公差项目有_____、_____、_____、_____、_____、_____、_____、_____八种。

18. 公差等级是确定_____的等级。

19. 标准公差分_____各等级，等级依次_____；其中 IT 表示_____，阿拉伯数字表示_____。

20. 形状与位置公差简称_____。

21. 制造零件时，为了使零件具有互换性，并不要求零件的尺寸做得绝对准确，而只要求在一个合理范围之内，由此就规定了_____。

22. 允许尺寸的变动量称为_____。

23. 基本尺寸相同的相互结合的孔和轴公差带之间的关系，称为_____。

24. 由于使用要求不同，孔和轴之间的配合有松有紧，国标因此规定配合分为三类_____、_____和_____。

25. 当零件表面大部分表面粗糙度相同时，可将相同的表面粗糙度代号标注在_____，并在前面加注_____两字。

26. 零件的安放位置原则有_____、_____、_____。

27. 以基本尺寸为基数来确定的允许尺寸变化的两个界限值称为_____。

28. 极限尺寸减其基本尺寸所得的代数差称为_____。

29. 为了增加工件强度，在阶梯轴的轴肩处加工成圆角过渡的形式，称为_____。

30. 常用的定位结构有：_____、_____、_____和_____。

项目八　零件图　　　　8-5　训练与自测（续）

判断题

1. 非回转体类零件的主视图一般应选择工作位置。　　　　　　　　　　　　　　　　　　　　　　（　）

2. 表达一个零件，必须画出主视图，其余视图和图形按需选用。　　　　　　　　　　　　　　　　（　）

3. 铸造零件应当壁厚均匀。　　　　　　　　　　　　　　　　　　　　　　　　　　　　　　　　（　）

4. 上下偏差和公差都可以为正、负和 0。　　　　　　　　　　　　　　　　　　　　　　　　　　（　）

5. 表面粗糙度代号应标注在可见轮廓线、尺寸界线、引出线或它们的延长线上。　　　　　　　　　（　）

6. 在零件图中，不可见部分一般用虚线表示。　　　　　　　　　　　　　　　　　　　　　　　　（　）

7. 在零件图中，必须画出主视图，其他视图可以根据需要选择。　　　　　　　　　　　　　　　　（　）

8. 零件图的主视图应选择稳定放置的位置。　　　　　　　　　　　　　　　　　　　　　　　　　（　）

9. 在零件图中主要尺寸仅指重要的定位尺寸。　　　　　　　　　　　　　　　　　　　　　　　　（　）

10. 主要尺寸要直接注出，非主要尺寸可按工艺或是形体注出。　　　　　　　　　　　　　　　　（　）

11. 表面粗糙度中，Ra 的单位为毫米。　　　　　　　　　　　　　　　　　　　　　　　　　　　（　）

12. 公差表示尺寸允许变动的范围，所以可以是负值。　　　　　　　　　　　　　　　　　　　　（　）

项目八 零件图

8-5 训练与自测（续）

选择题

1. 下面哪种符号是代表形位公差中的同轴度（　　）。

   A. 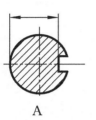 B.   C. ╱ D. ⌢

2. 以下尺寸标注不合理的是（　　）。

   A　　　　　　　　B　　　　　　　　C　　　　　　　　D

3. 132±0.0125 的公差为（　　）。

   A. ＋0.0125　　　B. －0.0125　　　C. ±0.025　　　D. 0.025

4. 零件图主视图选择原则有（　　）。

   A. 形状特征原则　　B. 加工位置原则　　C. 工作位置原则　　D. 以上答案均正确

5. 在零件图中对尺寸基准根据其作用分为（　　）两类。

   A. 设计基准和工艺基准　　　　　　B. 长宽高基准

   C. 主要基准和辅助基准　　　　　　D. 合理基准和不合理基准

项目九　零件的测绘

9-1　测绘齿轮减速器中的零件

测绘单级圆柱直齿轮减速器（根据实物模型测绘）

目的：熟悉零部件的测绘过程，掌握零件测绘及画零件草图的方法，提高图样的综合表达能力。

工作原理：当电动机转动时，通过联轴器或皮带轮带动装在箱体内的小齿轮转动，再通过小齿轮与大齿轮的啮合，带动大齿轮转动将动力从一轴传递到另一轴，以达到在大齿轮轴上减速的目的。

| 项目九　零件的测绘 | 9-2　减速器中箱盖和机座的测绘 | 第 121 页 |

1. 根据立体图和分解图绘制减速器的装配示意图。
2. 测绘减速器的箱盖和机座，画出零件草图。
3. 按 1：1 比例在 A3 图纸上画出箱盖和机座的零件图，并标注尺寸。

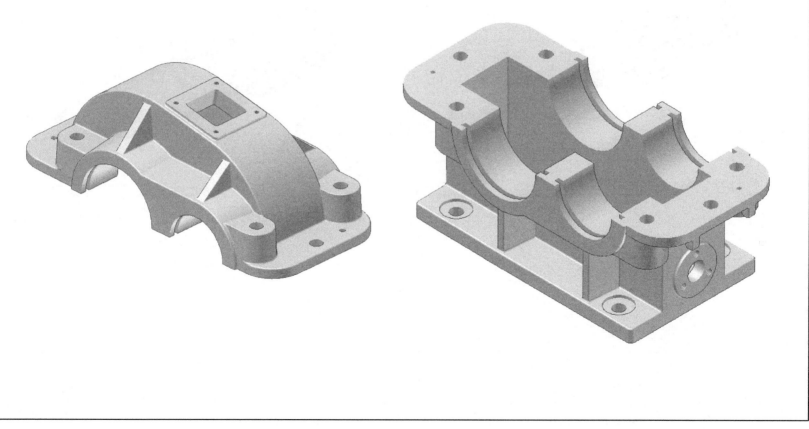

| 项目九 零件的测绘 | 9-3 减速器中齿轮轴和光轴的测绘 | 第122页 |

测绘减速器齿轮轴和光轴，画出零件草图，按1∶1比例在图纸上画出齿轮轴和光轴的零件图，并标注尺寸。

项目九　零件的测绘

9-4　减速器中齿轮的测绘

测绘减速器齿轮,画出零件草图,按 1∶1 比例在图纸上画出齿轮的零件图,并标注尺寸。

| 项目九 零件的测绘 | 9-5 减速器中其他零件的测绘 | 第124页 |

测绘减速器下面各零件,画出各零件草图,按1:1比例在图纸上画出零件图,并标注尺寸。

端盖(透盖)

端盖(闷盖)

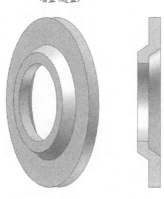

挡油环

透气塞

项目九 零件的测绘　　9-6 减速器装配图绘制

根据轴测图和测绘画出的各零件图，在图纸上画减速器的装配图。

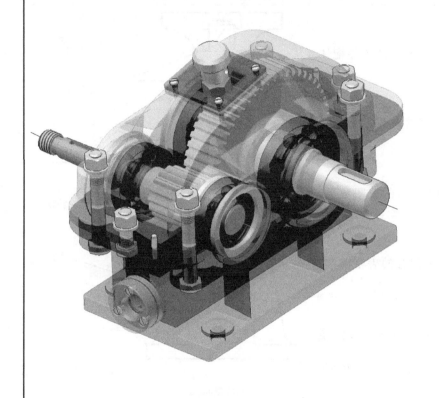

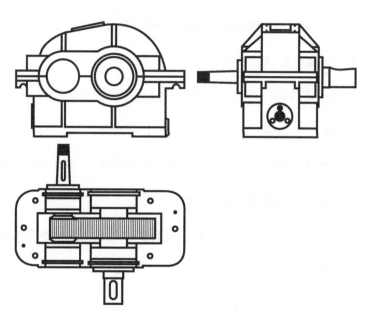

（参考图纸）

| 项目十　装配图 | 10-1　千斤顶装配图绘制 | 第 126 页 |

根据千斤顶装配示意图和零件图画装配图，用 A4 图纸画。

由装配示意图和零件图绘制装配图作业指示：

1. 先了解装配体示意图的文字说明，然后看懂各零件的零件图，再由零件图装配体示意图大体想象装配体的形状。

2. 根据每个零件的作用，按尺寸大小找出零件之间的相互关系，再结合装配体的工作原理，把要绘制的装配体的形状和结构分析清楚。

3. 选择装配体的表达方案，充分运用装配图的各种表达方法，根据所需的视图数量、比例大小，选择一张标准幅面的图纸。

4. 装配图中的配合代号，应由相应零件图中的偏差数值查有关公差配合的表格确定，然后再注到装配图上。

5. 标题栏和明细表可参考教材，技术条件暂时不注写。工作原理：千斤顶是顶起重物的一种简单装置。该部件由五个零件组成。使用时，只需逆时针方向转动旋转杆，起重螺杆就向上移动，并将重物顶起。

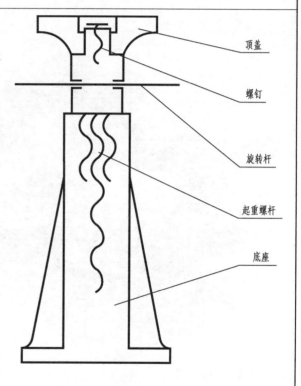

千斤顶装配示意图

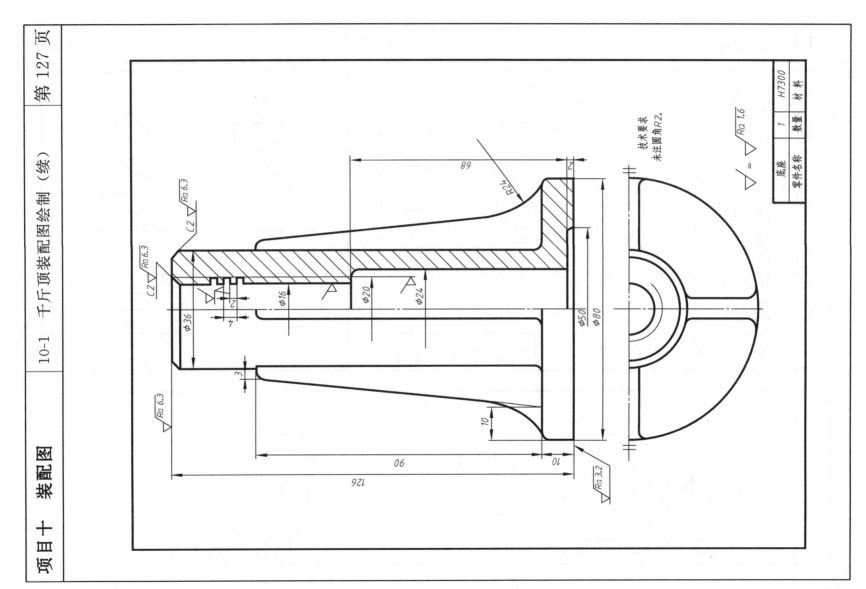

项目十 装配图　　10-1 千斤顶装配图绘制（续）

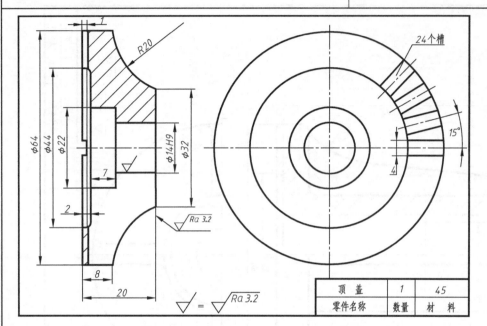

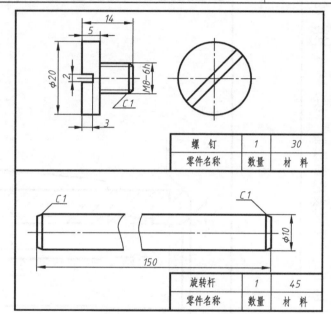

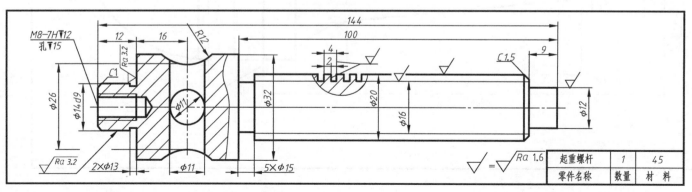

| 项目十 装配图 | 10-2 手压阀装配图绘制 | 第129页 |

根据手压阀装配示意图和零件图，绘制装配图（采用比例 1∶1，用 A3 图纸绘画）。

工作原理：

手压阀是吸进或排出液体的一种手动装置。

当握住手柄向下压紧阀杆时，弹簧受力压缩使阀杆向下移动，液体入口与出口相通。手柄向中抬起时，由于弹簧弹力作用，阀杆向上压紧阀体，使液体入口与出口不通。

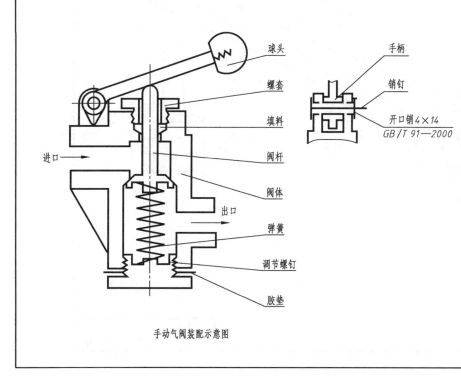

手动气阀装配示意图

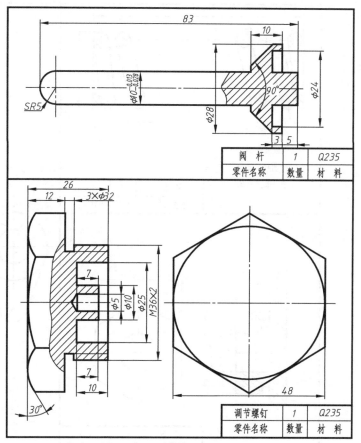

| 项目十 装配图 | 10-2 手压阀装配图绘制（续） | 第130页 |

根据手压阀装配示意图和零件图，绘制装配图（采用比例1∶1，用A3图纸绘画）。

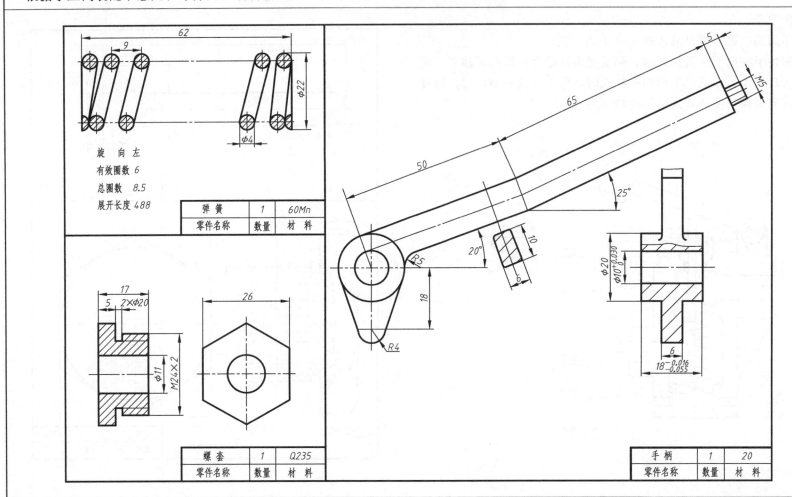

| 项目十 装配图 | 10-2 手压阀装配图绘制（续） | 第131页 |

根据手压阀装配示意图和零件图，绘制装配图（采用比例1∶1，用A3图纸绘画）。

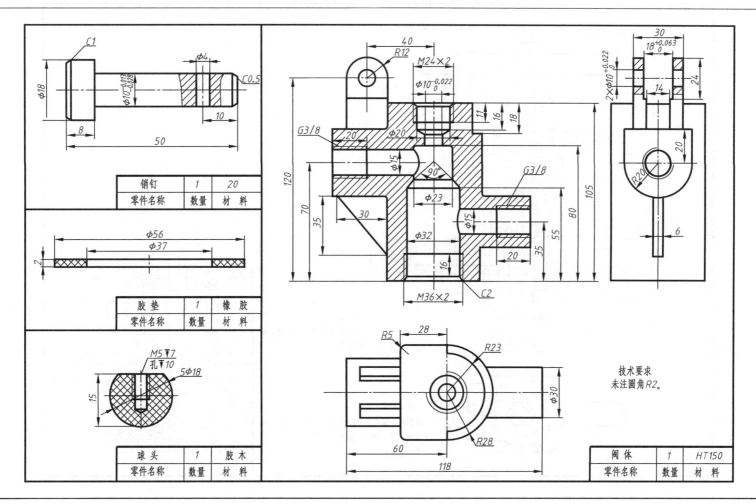

技术要求
未注圆角R2。

项目十　装配图　　10-3　读针型阀装配图，回答问题　　第132页

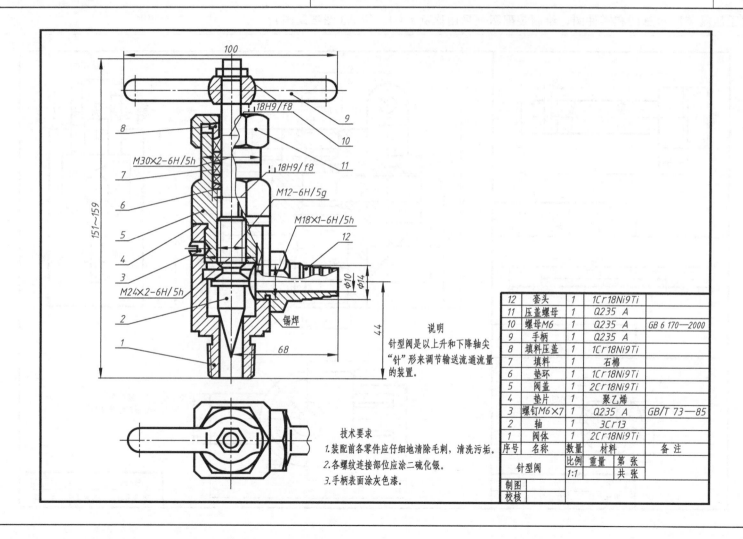

项目十　装配图	10-3　读针型阀装配图，回答问题（续）

1. 表达针型阀结构及工作原理、装配关系，采用_____视图与_____视图。

2. 主视图采用____剖的目的是为保留_____号件的外形。

3. 俯视图为_____视图，两处折断画法分别表示_____号件。

4. ____号件的作用是压紧材料，起_____作用。

5. 与 5 号件相接触，具有螺纹连接的零件有_____号件。

6. 欲拆下 2 号件轴应旋松____号件，再拆下_____号件，方能取出。

7. 为调整针型阀输送液体流量的大小，应旋转____号件，使____号件上升和下降，以控制锥隙的大小来实现上升和下降的最大距离为_____毫米。

8. 装配图中有_____处属于装配尺寸，外形尺寸为_____，规格、性能尺寸为_____。

9. 件 7 的名称是_____，件数_____，材质_____。

10. M30×2-6H/5h 是件_____和件_____的配合尺寸，属于基_____制。

11. 针型阀长度方向的整体尺寸是_____。

12. 件 9 旋转首先要带动件_____运动。

13. 针型阀上的标准件是_____。

14. 拆画件 2、件 5 的零件工作图。

项目十 装配图　　10-4 读钻模装配图，回答问题

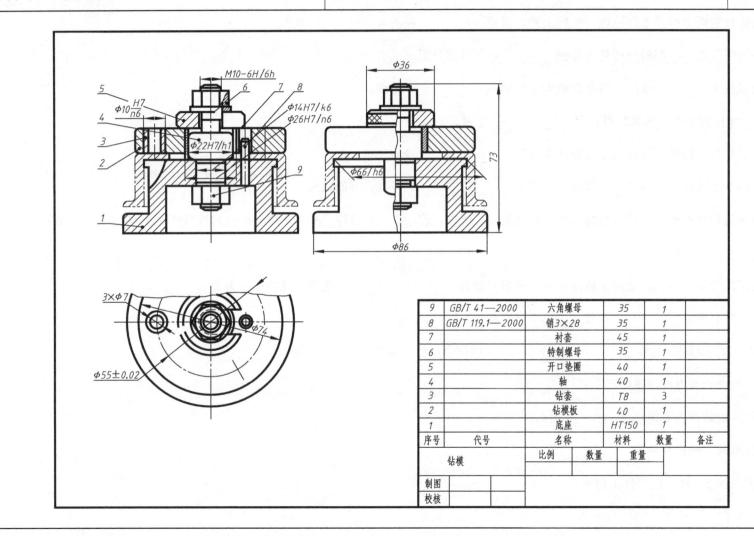

项目十 装配图	10-4 读钻模装配图，回答问题（续）

1. 主视图为_____剖视，左视图为_____剖，俯视图是_____视图。

2. 件2与件3是_____配合，件4与件7是_____配合。

3. 为取下工件，先松件_____，再取下件_____与件_____即可。

4. 该钻模工件装夹一次能钻_____个孔。

5. 装配图中的双点画线表示_____。

6. 钻模的总体尺寸为_____。

7. 与件号1相邻的零件有_____（写出件号）。

8. 钻模的工作原理是_____。

9. 钻模中共有_____个零件，其中标准件有_____和_____。

10. M10-6H/6h是件_____和件_____的配合尺寸，属于_____配合。

11. 钻模的工作表面是_____。

12. 在钻模板的材质是_____，在它的上面共钻了_____个孔，孔的尺寸为_____。

13. 钻模板的加工步骤为_____。

14. 件9的名称是_____，它适用在_____场合连接。

15. 使用钻模的优点在于_____。

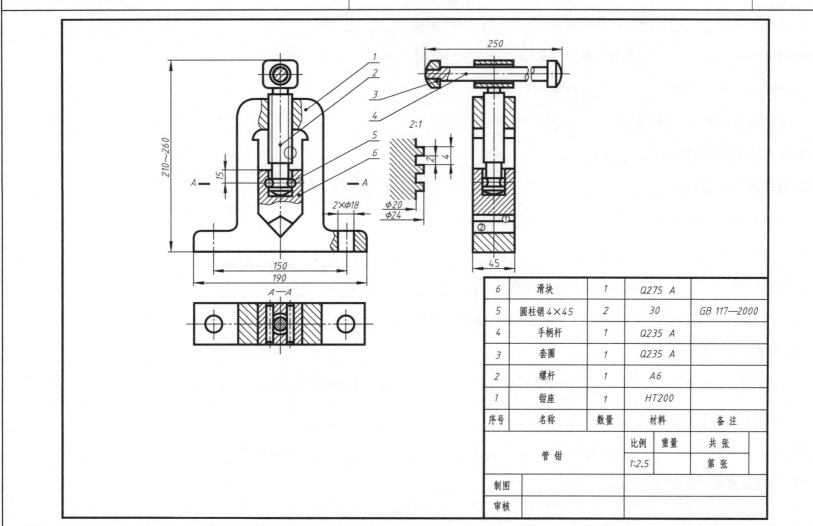

| 项目十　装配图 | 10-5　读管钳装配图，回答问题（续） | 第 137 页 |

1. 主视图采用了＿＿＿＿＿＿剖视，用以表达＿＿＿＿＿＿关系。

2. 俯视图和左视图采用了＿＿＿＿＿＿剖视。

3. 左视图还采用了＿＿＿＿＿＿画法。

4. 局部放大图主要表达矩形螺纹的＿＿＿＿＿＿。

5. 件 2 和件 6 是用＿＿＿＿＿＿连接，件 3 和件 4 采用＿＿＿＿＿＿连接。

6. 当螺杆 2 转动时，滑块 6 作＿＿＿＿＿＿运动，滑块的工作行程（升降范围）是＿＿＿＿＿＿mm。

7. 管钳中件＿＿＿＿＿＿和件＿＿＿＿＿＿上有螺纹，是＿＿＿＿＿＿螺纹。

8. 管钳的总体尺寸是＿＿＿＿＿＿。

9. 安装尺寸为＿＿＿＿＿＿。

10. 管钳的总长是＿＿＿＿＿＿，总宽是＿＿＿＿＿＿、总高是＿＿＿＿＿＿。

11. 件 5 的名称＿＿＿＿＿＿，规格＿＿＿＿＿＿，属于＿＿＿＿＿＿件，它的作用是＿＿＿＿＿＿。

12. 钳座是＿＿＿＿＿＿件，在它的上面钻了＿＿＿＿＿＿个孔，尺寸为＿＿＿＿＿＿。

13. 在管钳装配图中有一个放大图，放大比例为＿＿＿＿＿＿，用以表达＿＿＿＿＿＿的结构。

14. 件 4 的名称是＿＿＿＿＿＿，与它接触的零件有＿＿＿＿＿＿。

15. 手柄杆旋转直径为＿＿＿＿＿＿，它设计的优点在于＿＿＿＿＿＿。

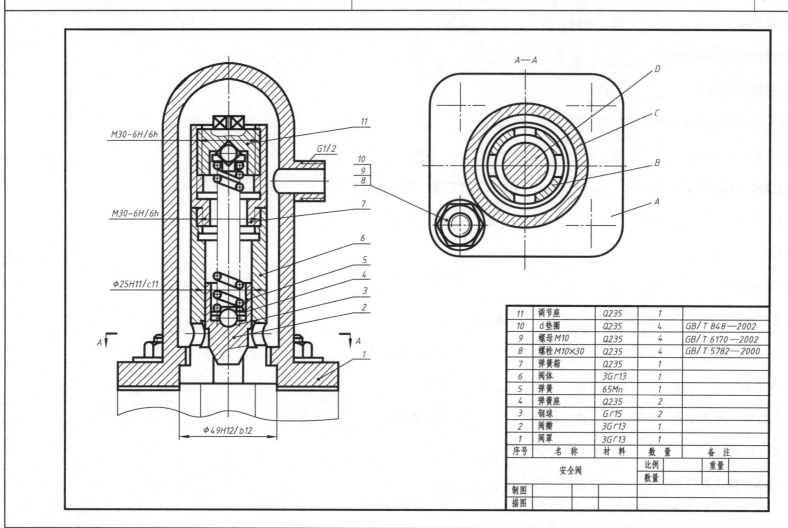

项目十　装配图　　　　　　　　　　　　10-6　读安全阀装配图，回答问题（续）

1. 调节弹簧压力的大小，需要转动件_____、压迫件_____和件_____。

2. 件6和件7之间靠_____连接。

3. 如图中所示状态时，油是否能进入件1的内腔_____。

4. 图中标注 A 的零件是指件_____，标注 B 的零件是指件_____，标注 C 的零件是指件_____，标注 D 零件是指件_____。

5. 图中所注 $\phi25H11/c11$，如果注在孔的零件图上，则写成_____，如果注在轴的零件图上，则写成_____。该配合为_____制的_____配合。

6. 图中尺寸 G1/2 中：G 表示_____，1/2 表示_____。

7. 图中所注 M30-6H/6h 中，M 表示_____，30 表示_____，6H 表示_____，6h 表示_____。

8. 要拆下件2，必须先拆下件_____。

9. $\phi49H12/b12$ 是件_____和件_____的配合尺寸，两件是_____配合。

10. 主视图采用了_____剖视图，这种视图适用在_____场合。

11. 安全阀装配图共用_____个图形表达。

12. 安全阀由_____种零件组成，其中标准件有_____种。

项目十一 金属结构图、焊接图和展开图　　11-1 金属结构图中型材标记识别　　第140页

1. 说明下方型钢符合所对应的型钢名称。

2. 写出下面钢的标记。

(1) 角钢，尺寸为 100mm×100mm，长度为 1000mm。

(2) 方形冷弯空心型钢，尺寸为 120mm×5mm，长度为 800mm。

(3) 槽钢，尺寸为 60mm×80mm，长度为 800mm。

(4) 工字钢，尺寸为 100mm×80mm，长度为 600mm。

项目十一　金属结构图、焊接图和展开图　　　　11-2　展开图画法

1. 画四棱柱斜切的侧面展开图。

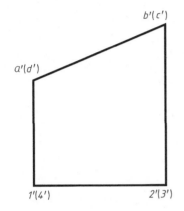

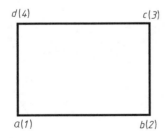

2. 画圆柱的侧面展开图，直径从图中量取。

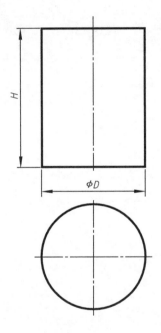

项目十一　金属结构图、焊接图和展开图　　　　11-2　展开图画法（续）

3. 作吸气罩的侧面展开图。

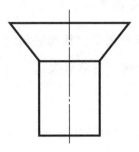

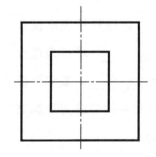

项目十一　金属结构图、焊接图和展开图

11-3　读焊接图

下面是轴承挂架焊接图，从左视图可看出，零件1为立板，零件2为横板，零件3为肋板，零件4为支撑轴的主体。

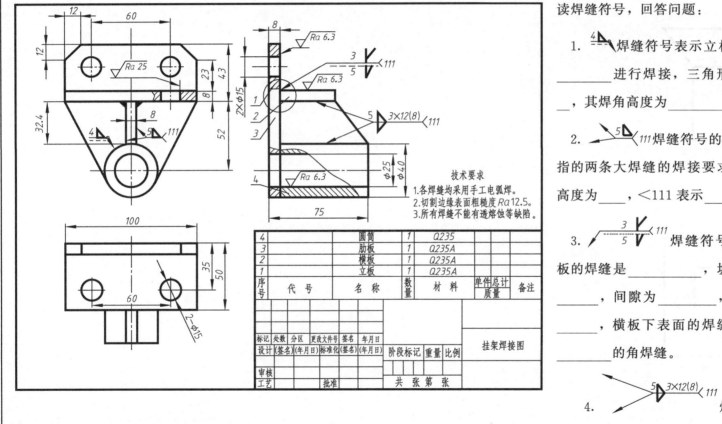

读焊缝符号，回答问题：

1. 焊缝符号表示立板与圆筒之间＿＿＿＿＿进行焊接，三角形表示＿＿＿＿＿，其焊角高度为＿＿＿＿＿。

2. 焊缝符号的两个箭头表示所指的两条大焊缝的焊接要求角焊缝的焊脚高度为＿＿＿，＜111 表示＿＿＿＿＿。

3. 焊缝符号表示横板与立板的焊缝是＿＿＿＿＿，坡口角度为＿＿＿＿＿，间隙为＿＿＿＿＿，坡口深度为＿＿＿＿＿，横板下表面的焊缝为焊脚高度＿＿＿＿＿的角焊缝。

4. 焊接符号表示横板与肋板之间，肋板与圆筒之间均为＿＿＿＿＿，焊脚高度为＿＿＿＿＿，"3×12（8）"表示有＿＿＿段断续双面＿＿＿，焊缝长度为＿＿＿＿＿，断续焊缝间距为＿＿＿＿＿。

项目十一　金属结构图、焊接图和展开图

11-4　训练与自测

1. 金属结构件常用于＿＿＿＿、＿＿＿＿和＿＿＿＿上。
2. 常用棒料、型材标记包括：＿＿＿＿、＿＿＿＿、＿＿＿＿、标准编号。
3. 焊接就是一种较常用的＿＿＿＿的连接方法。
4. 焊接具有工艺＿＿＿＿、＿＿＿＿可靠、节省材料、劳动强度＿＿＿＿等优点，所以应用日益广泛。
5. 焊接方法多种多样，常用的有＿＿＿焊、＿＿＿焊、＿＿＿焊、＿＿＿焊等，其中以＿＿＿焊应用最为广泛。
6. 焊接方法常在技术要求中标明，也可以用数字代号直接在图样中用＿＿＿＿引出标注。
7. 金属结构件被焊接后所形成的接缝称为＿＿＿＿。
8. 焊缝符号是表示焊接＿＿＿＿、＿＿＿＿形式和焊缝＿＿＿＿等技术内容的符号。
9. 焊缝的辅助符号是表示焊缝表面形状的符号，用＿＿＿＿绘制。
10. 指引线通常由带箭头的＿＿＿＿和两条＿＿＿＿两部分组成。
11. 基准线一条为＿＿＿＿线，另一条是＿＿＿＿线，两条基准线要保持平行。
12. 将工件各表面按等比例大小和形状依次连续地展开平铺在同一个平面上，称为工件的表面展开，展开所得图形称为＿＿＿＿图。
13. 指引线箭头线用来把焊缝符号指到图样上的对应焊缝处，必要时箭头线允许弯折＿＿＿＿次。
14. 指引线基准线一般应与图样的底边相＿＿＿＿。
15. 标注对称焊缝及双面焊缝时，基准线的虚线可＿＿＿＿。
16. 常见焊缝有＿＿＿焊缝、＿＿＿焊缝、＿＿＿焊缝、＿＿＿焊缝。

参 考 文 献

[1] 果连成主编. 机械制图. 第 6 版. 北京：中国劳动社会保障出版社，2011.
[2] 果连成主编. 机械制图习题册. 第 6 版. 北京：中国劳动社会保障出版社，2011.
[3] 何铭新主编. 机械制图. 第 5 版. 北京：高等教育出版社，2004.
[4] 许燕主编. 机械制图习题册. 天津：南开大学出版社，2009.
[5] 王幼龙主编. 机械制图. 第 3 版. 北京：高等教育出版社，2007.
[6] 人力资源和社会保障部教材办公室组织编写. 极限配合与技术测量基础. 第 4 版. 北京：中国劳动社会保障出版社. 2011.